授粉蜜蜂

实用养殖技术

主编

章伟建　沈　悦

上海科学技术出版社

图书在版编目（CIP）数据

授粉蜜蜂实用养殖技术 / 章伟建，沈悦主编. —— 上海 ： 上海科学技术出版社，2024.3
ISBN 978-7-5478-6507-1

Ⅰ. ①授… Ⅱ. ①章… ②沈… Ⅲ. ①蜜蜂饲养 Ⅳ. ①S894.1

中国国家版本馆CIP数据核字(2024)第010235号

授粉蜜蜂实用养殖技术

主 编 章伟建 沈 悦

上海世纪出版（集团）有限公司
上 海 科 学 技 术 出 版 社 出版、发行
（上海市闵行区号景路 159 弄 A 座 9F-10F）
邮政编码 201101 www. sstp. cn
上海盛通时代印刷有限公司印刷
开本 787×1092 1/16 印张 7.75
字数 150 千字
2024 年 3 月第 1 版 2024 年 3 月第 1 次印刷
ISBN 978-7-5478-6507-1/S·275
定价：45.00 元

本书如有缺页、错装或坏损等严重质量问题，
请向印刷厂联系调换

编委会

主 编

章伟建 沈 悦

副主编

刘 炜 薛 霞 陈 琦

编写人员

章伟建 沈 悦 刘 炜 薛 霞 陈 琦 周志强

顾鑫辉 鞠龚讷 叶萃玉 郑国卫 潘旭东 刘宇慧

吴文辉 洪云超 蔡梦瑶

前　言

　　养蜂曾经是上海郊区农民的副业之一，特别是20世纪八九十年代，崇明、浦东、金山等地的蜂农，为了找到更多更好的蜜源和方便蜜蜂的季节性管理，通常情况下是长年在南方或北方转地养蜂。但随着上海城市化进程的推进，蜂农的生产空间得到一定程度的挤压。同时为了适应上海市民更加喜欢都市绿色农副产品的需求，郊区的蜂农逐渐将授粉作为增加收入的重要手段之一。据调查统计，目前上海郊区有持养蜂许可证的蜂农约200家，饲养规模大多在100箱以下，也有少数几家养蜂专业合作社规模达1000箱以上。这些专业合作社也同时承担了本市西瓜、西甜瓜、草莓等瓜果品种的蜜蜂授粉任务，连接蜂农和果农。

　　与浙江、江苏、安徽等地相比，养蜂在上海郊区已呈现小规模化萎缩趋势，主要原因可能是养蜂在上海为非主流养殖品种，政策相对缺乏，蜂农老龄化严重，养蜂人已出现青黄不接现象。为了使"蜜蜂授粉"这一都市绿色新种养循环模式具有更旺盛的生命力，需要相关部门一手牵蜂农和养蜂专业合作社，一手牵果农和瓜果专业合作社，让蜜蜂授粉真正成为一种产业而得到发展，让上海市民吃上真正放心的天然绿色瓜果。

　　为了进一步做好本市畜牧行业从业人员的培育培训工作，使培训更加精准、培育更加有的放矢，上海市动物疫病预防控制中心宣教科专门组织了本市多年从事养蜂研究和培训服务的相关专家和资深从业人员，结合本市蜜蜂养殖的特点和规模，编写了适合于本市授粉蜜蜂养殖管理的新型职业农民培育培训教材——《授粉蜜蜂实用养殖技术》。

　　本书共分5章，主要介绍了国内外蜜蜂授粉的发展情况，蜜蜂的品种和蜜粉源植物的选择，并根据大田和设施作物的不同特点，提供了相应的蜂群管理技术；对影响蜜蜂授粉的因素及改进措施进行了概括总结，对授粉蜜蜂的主要疾病和敌害防治提出了相关措施。另外，还分类介绍了果树类、瓜菜类、油料作物类的实用授粉增产技术，从授粉产业体系和各地区的特点，对蜂业的发展进行了展望。本书与其他学术性著作的区别在于：本书更加侧重于满足新型职业农民和高素质农民培育培训的需求，更加侧重于促进养蜂专业合作社和蜂农、果农对接的需要，为本市乡村振兴战略提供畜牧业方案。

在本书的编写过程中，作者广泛参阅和引用了现有的论著和成果，在此谨向有关学者和同行表示由衷的感谢！本书的编写，得到了上海市金山区动物疫病预防控制中心、奉贤区动物疫病预防控制中心、浦东新区动物疫病预防控制中心、上海市特种养殖业行业协会等单位的大力支持，得到了上海市动物疫病预防控制中心领导和同事的支持和帮助，在此一并表示诚挚的谢意！

由于编著者的水平有限，书中难免有不妥之处，敬请同行及读者批评指正。

目　录

第一章

蜜蜂授粉的意义

/ 第一节 / 蜜蜂授粉的必要性

一、植物繁衍必不可少的环节

17 世纪末 18 世纪初，人类开始发现花朵的授粉现象以及蜜蜂等授粉媒介发挥的作用。1876 年，达尔文在《植物界异花受精和自花受精的效果》一文中提到："假使任何虫媒植物完全不被昆虫所采访、那么它可能要自趋毁灭，除非它为风媒的，或者获得了自花受精的完全能力。"

地球上目前已经发现的显花植物大约有 25 万种，占全部植物种类的 50% 左右，其中约 85% 即 21 万种是属于虫媒花植物，需要昆虫传粉。为人类直接或间接提供食物的 1 300 多种作物当中，有 1 100 多种需要昆虫等媒介传粉。在生物长期的协同进化过程中，每种虫媒花植物与几种、甚至是单一种的传粉昆虫形成了极强的互惠共生关系。蜜蜂是传粉昆虫中的优势品种，也是目前应用最广的。在北美洲 90% 以上的作物应用蜜蜂授粉；在澳大利亚 65% 左右的园林植物、农作物和牧草需要依靠蜜蜂授粉。

二、与人类生存息息相关

自然界中，动物与植物之间、动物与动物之间以及动植物与人类之间，在长期共存与发展的历史进程中，形成了相互依赖又相互制约的关系。这种关系对维持生物圈中生物的种类和数量的相对稳定起着十分重要的作用。

植物物种多样性影响下一营养级的多样性。传粉昆虫与植物多样性关系表明传粉昆虫数量与植物物种丰富度显著相关，即植物物种丰富度决定传粉昆虫物种丰富度。随着植物物种多样性增加，为传粉昆虫提供了更加丰富的食物来源，传粉昆虫的数量也随之增加。蜜蜂等传粉昆虫将采集的蜜粉运回自己的巢穴当中作为粮食储备，同时其采集过程也有助开花植物雌蕊花药上花粉粒的传播。如果自然界显花植物大量缺失，那蜜蜂等传粉昆虫没有足够的食物来源，种群数量会大大降低，对于野生传粉种群来讲，这种打击是致命的、无法修复的。反之亦然，如果蜜蜂等传粉昆虫不足，也会影响植物的种群和数量，并进一步影响以之为食的动物数量及种类，更严重的甚至影响肉食动物数量及种类，最终将会影响人类生存。打破这种生态平衡的危害是不可估量的。美国学者在对蜜蜂授粉深入研究后说："如果没有蜜蜂，整个生态系统将会崩溃。"

三、绿色农业生产方式的需要

人类对于健康越来越关注，对于食品安全问题越来越关心，对无污染、无公害的农产品越来越青睐。随着我国现代化步伐的迈进，集约化、规模化、产业化生产已经成为农业发展方式的必然。随着农作物大面积单一化种植现象的普遍发生，生物多样性受到影响，野生授粉昆虫数量锐减，不能满足授粉需要。利用蜜蜂为农作物授粉，实现同一种植物在不同植株、不同花朵甚至不同地域之间的授粉，保持了植物的杂交优势。经过蜜蜂授粉的农产品大部分都表现出优异的特性和优良性状，有效提高了产量和品质。同时，生态农业的生产过程要求无污染，蜜蜂对环境条件非常敏感，利用蜜蜂授粉，能够引导种植业者尽量减少化学肥料、化学农药、激素和各种化学除草剂等的用量，最低限度的减少污染。全面应用实施蜜蜂授粉技术，为生产高产、有机、绿色产品提供有力保障，更是有利于农业生产生态上的可持续发展。

第二节 / 蜜蜂授粉的可行性

一、蜜蜂具有与授粉相适应的特殊形态构造

在长期协同进化过程中，植物在开花习性上与蜜蜂形成了非常默契的协

同，而蜜蜂虫体的特殊结构，如携粉足、花粉筐和蜜囊，都为植物实现成功授粉和繁殖提供了必要的条件。

采集花粉

1. 携粉足

蜜蜂成蜂具有 3 对足，为前、中、后足，分别着生于前、中、后胸腹板的两侧。蜂王和雄蜂的足是运动器官，而工蜂的足不仅是运动器官，其后足还具有采集花粉的构造，因此后足又称为携粉足。

2. 花粉筐

后足胫节呈三角形。在胫节端部有一列刚毛，为花粉把。在基跗节的偏平内侧，长有 9～10 排的刚毛，称为花粉栉，用于梳集花粉。胫节外侧表面光滑而略凹，边缘着生弯曲的长刚毛，形成 1 个可以携带花粉团的装置，为花粉筐。花粉筐中着生有 1 根长刚毛，利于稳固花粉团。花粉筐不仅可以用来运送花粉，也可以采集植物或树干上的树脂，用以加固蜂巢。

3. 蜜囊

蜂王和雄蜂的蜜囊不发达，工蜂的蜜囊是用来储存采集的花蜜等液体的嗉囊，位于前肠中食管与前胃之间，有较大的伸缩性，且蜜蜂囊内有稀疏的短绒毛。工蜂外出采集时可将采集到花蜜储存在蜜囊中携带回巢，并储存到巢房中。通过蜜囊的收缩,蜜汁可以返回口腔。据研究报道,意大利蜜蜂工蜂的蜜囊平时容积为 14~18 μL,储满花蜜后,可扩大至 60 μL;中华蜜蜂工蜂蜜囊的容积可扩大至 40 μL。

二、蜜蜂采集活动的专一性

大约 2 000 年前,亚里士多德就观察到意大利蜜蜂工蜂在出巢的单次采集活动中仅采集同一种花朵的现象,这种现象就是蜜蜂采集的专一性。随后,1876 年达尔文在他出版的著作中也提到发现了蜜蜂的采集专一性。同时,蜂群发达的信息交流系统使得访花具有更强的专一性,采集蜂会将出巢采集获得的蜜源信息以舞蹈的形式传递给蜂群内的其他个体。蜜蜂是重要的植物花粉的搬运工,花粉必须被运输到另一朵同种植物的花上才能够受精成功,并繁育出果实和种子。蜜蜂采集专一性这种特性确保了各种虫媒植物成功实现受精和繁殖,也防止发生同种植物上花粉的损失以及异种植物花粉与植物柱头的不亲和现象。与此同时,研究发现,在某一段时间内,一群蜜蜂的绝大多数个体会采集同一种植物的花朵,所以蜜蜂授粉更加准确高效。

三、蜜蜂的可移动性与可训练性

蜜蜂属于群居性昆虫、可人工大量饲养,群体越大生命力越强,生产力也越强。在繁殖高峰期、一群蜂可达 5 万~6 万只个体,一只蜜蜂一次出巢可采 50~100 朵花,每天出巢 6~8 次,据估算一群蜂可采集 5 万~5.4 万蜂次。通常蜜蜂清晨出巢进行采集活动,傍晚便会归巢休息,蜜蜂这种日出而作、日落而息的生物学特性,为蜂群的转移提供了可能性。因此,需要转移蜂群为另一种植物进行授粉时,可以在傍晚等到蜜蜂都归巢后将蜂群的巢门关闭,并将蜂箱装载,夜间或早晨转运到需要蜜蜂授粉的场地,即可为不同地域、不同花期的植物进行授粉,蜜蜂的可移动性是其他授粉昆虫所不具备的。

当有侦察工蜂出巢采集到花粉和花蜜回巢后,它会以舞蹈的形式"告诉"同一群内其他的同伴,使它们能够准确无误地在很短的时间内来到蜜源地进行

蜂农整理蜂箱转运

采集。因此、利用这一特性，可对蜜蜂进行训练。在为某种植物授粉前，人为地饲喂带有该种植物花朵花香的糖浆、对蜂群进行诱导训练，使蜜蜂先熟悉该种植物的气味、待其进入授粉场地后，可以迅速地识别授粉植物，提高授粉的效率。

四、蜜蜂选择植物的最佳授粉时间和有效花朵

一般植物初花期的一段时间内柱头的活力最强。蜜蜂授粉比人工授粉或者自然授粉效果好，原因就是：①蜜蜂与植物长期的协同进化，使得蜜蜂对植

物成熟花粉的识别能力远强于人；②蜜蜂可以持续地在田间从事飞行采集活动，更容易在花朵柱头活力最强的时候将花粉传播到上面，而人工授粉每天只能进行一次，且速度较慢，往往错过花朵柱头活力最好的时间，造成受精效果不佳，影响产量和质量。

此外，蜜蜂授粉后能使植物提早受精，受精后植物产生一系列受精生理反应。研究表明，蜜蜂授粉后植物向幼果输送营养物质增强，避免了因营养不良而使果柄处产生离层，导致营养障碍而大量落果，这也是提高坐果率和结实率从而增产的又一个原因。

蜜蜂授粉是有选择性的，往往采集健壮鲜艳的花朵，充分利用了植物的有效花。报道显示，梨树花期多为每年春季的3—4月，该期间气温不稳定，花期梨树花朵极易遭遇低温雨雪天气的伤害，而果农普遍认为蜜蜂在低温情况下不能够为梨树授粉。实际上，在梨树花期遭遇雨雪冰冻恶劣天气后，人工授粉根本无法判断花朵受害的程度以及花器官是否还可以正常繁殖。而将蜜蜂引入受冻害的梨树果园后，蜜蜂根据自身需要有选择性地对有花蜜和花粉的花朵进行采集。梨园花朵受冻后，雌蕊柱头有授粉活力的花相对减少，由于蜜蜂能使这些有效花充分受精、使未受冻的花坐果率提高到100%。

第三节 / 蜜蜂授粉的优越性

一、蜜蜂授粉提高农作物的产量和品质

蜜蜂是农业增产的重要传媒，世界上与人类食物密切相关的作物有1/3以上属虫媒植物，需要进行授粉才能繁殖和发展。大量科学研究结果和农业生产实践证明，蜜蜂授粉可使农作物的产量得到不同程度的提高。更为重要的是，蜜蜂授粉可以改善果实和种子品质、提高后代的生活力，因而成为世界各地农业增产的有力措施。蜜蜂授粉相较于人工授粉，蜜蜂授粉率能达到100%，利

用蜜蜂为果树和作物授粉，不仅避免了人工授粉的劳动强度，节省了大量的人力，而且花朵坐果率高，果实产量高、品质好。蜜蜂授粉技术促进农作物增产的价值，要远远比蜜蜂产品本身的价值高得多。蜜蜂授粉对提高农作物的产量和质量，是一项不扩大耕地面积、不增加生产投资的有效措施。是解决人口增长与食物供应矛盾的一项重要途径，也是提高人们生活质量的最佳方法。蜜蜂授粉在提高作物产量和质量上，特别是在绿色食品和有机食品的开发生产中具有不可替代的作用。

二、蜜蜂授粉促进生态系统平衡

生态平衡是指在某一特定条件下，能适应环境的生物群体，相互制约，使生物群体之间，以及生态环境之间维持着某种恒定状态，也就是生态系统内部的各个环节彼此保持一定的平衡关系。植物群落成为昆虫群落生存的一个重要条件，如显花植物与传粉昆虫的协同进化，传粉昆虫以花的色、香、味作为食物的信号趋近取食或采集花蜜和花粉，在取食或采集花蜜、花粉的过程中，也完成传粉过程，让植物不断繁育发展。在众多的传粉昆虫中，蜜蜂以其形态结构特殊、分布广泛、可训练等特点，成为人类与植物群落相联系，且容易控制的、理想的昆虫，在人类保护生态平衡中显示出越来越重要的作用。

三、增加劳动就业，增加农民收入

蜜蜂授粉不仅可以为农业发展带来巨大收益，还是一个很好的创收产业，是增加农民收入的有效途径。发展养蜂业不与种植业争地、争肥、争水；不与畜牧业争饲料、争栏舍，又不污染环境，不受城乡限制、不受地区影响，农民只需少量资金的投入，当年就可获得经济效益，具有投资小、见效快、用工省、无污染、回报率高的特点，养蜂生产带给农民的收益除销售蜂产品而获得的直接经济效益外，还可以通过租赁蜂群进行授粉获得收益。因而养蜂生产成为农民增收的重要手段，养蜂业已成为农村名副其实的重要副业。

根据目前市场行情，一个农户饲养 100 箱蜜蜂，每年收入在 9 万～10 万元。除去蜜蜂饲养费用外，纯利润也可达 5 万～6 万元。养蜂是当前养殖业生产中易管理、投资小、见效快、好上手的特色产业。目前国内养蜂仍旧以生产蜂产品为主要目的，在正常年份下，养蜂投入与蜂产品产出比约为 1：2.5。近年来，随着国内授粉产业的发展和政府部门的重视，国内养蜂农户将饲养的蜂群，以租赁形式租用给种植农户为大田或设施作物授粉，也逐渐成为养蜂农户的一项重要收入。以设施草莓授粉租蜂情况为例，种植面积为 560m^2 的标准大型大棚，一般需租 1 箱授粉蜜蜂（3 脾蜂），租金为 300 元左右，蜂群入棚时间为当年 11 月，翌年 3 月搬出。蜂农出租 100 箱蜂，养蜂农户蜂群租赁费用达 3 万元，年利润增幅 30%。

第四节 / 国内外蜜蜂授粉发展情况

一、我国蜜蜂授粉的发展情况及存在问题

1. 发展情况

我国自 1949 年以后，对养蜂业开始逐渐重视。国家对发展养蜂、积极利用蜜蜂为作物授粉，促进产量采取重要措施。1958 年国务院批转农业部和农垦局关于《全国养蜂工作座谈会的报告的通知》中指出："发展养蜂事业，可以增加国家财富，增加合作社的收入，更重要的是因为蜜蜂传授花粉，可以刺激农作物生产，增加产量"。接着，农业部、教育部连续举办全国养蜂师资进修班和养蜂技术干部培训班，有条件的农林院校开设养蜂课或养蜂专业，培养出一批批养蜂学科专门人才，有力地推动了蜜蜂授粉工作的开展。

1983 年，国家在《关于发展养蜂业推进养蜂现代化的建议》中指出："养蜂的经济价值不仅在于生产多种蜂产品，更重要的是提高农作物的产量和质量，因为蜜蜂是最理想的授粉昆虫，利用蜜蜂为农作物授粉，可以使农作物大

幅度增产，质量也显著提高，其经济价值远远高于蜂产品本身的价值”。2010年，为推广蜜蜂授粉技术，农业部颁发了相关文件和蜜蜂授粉操作规程，把蜜蜂授粉作为农作要素中的一项重要措施来抓。2021年发布的“十四五”全国畜牧兽医行业发展规划中也提出“大力推广蜜蜂授粉技术”。这些都在一定程度上推进了蜜蜂授粉业的迅速开展。

我国家养的蜜蜂，再加上野生的蜜蜂总科蜂类，众多蜜蜂构成了庞大的授粉力量。一些地区已进入蜜蜂授粉的起步阶段，随着授粉知识普及和授粉技术提高，蜜蜂授粉产品将逐步兴起，受益最多的将是农业。农民养蜂积极性提高加上政策优惠，将很快会改变仅有1%～2%蜜蜂用于作物授粉的局面。

2. 存在问题

（1）对蜜蜂授粉的意义缺乏应有的认识

首先是有关部门和广大从事种植业的农户对蜜蜂授粉的意义缺乏应有的认识。没有认识到蜜蜂授粉对于增加农作物产量、提高质量，减少人力成本，特别是在打造绿色生态农业产业链中发挥的作用。其次是养蜂行业更多关注传统养蜂业，而种植业也是关注于种植本身，两个行业都很少去宣传蜜蜂授粉的重要意义。本身存在着应用对象、技术跨行业的瓶颈，再缺乏统一的组织管理和必要的宣传普及，蜜蜂授粉更多的是养蜂户和种植农户私下之间的合作，很难形成蜜蜂授粉的商业化、产业化。

（2）缺乏为蜜蜂授粉产业化、商品化服务的中介机构

由于跨行业合作的缺失，虽然在草莓、西甜瓜等授粉技术比较成熟的领域对授粉蜜蜂的需求量很大，但由于缺乏专门的商业化服务机构，经常在授粉需求的旺季，一方面养蜂户的蜂群无事可做，一方面种植业对授粉蜂群有很大的缺口。没有一个供求关系对接的平台，农户无法即时了解供求信息，从而安排生产，是蜜蜂授粉产业化推进的严重阻碍。

（3）相关技术和标准缺失

由于更多的关注蜂产品的生产，相关的养蜂技术研究和标准制定也是围绕如何提高蜂产品的产量、质量。而蜜蜂授粉技术不但涉及配合作物花期的蜂群繁殖技术，还有授粉蜂箱等授粉专用工具的研发、授粉粉群的转运、大田和设施作物授粉蜂群的管理，以及对于不同作物的蜜蜂授粉增产技术。同时技术

应用也需要养蜂户和种植户的紧密配合。目前此类技术研究和推广相对较少，也缺乏行业技术标准对蜜蜂授粉生产的各个环节进行规范。

二、国外蜜蜂授粉的发展情况

由于现代化、集约化农业的发展，大量使用杀虫剂和除草剂致使一定区域内自然授粉昆虫锐减，不能满足作物授粉的需要。发达国家十分重视用蜂为农作物授粉，以改善农田的生态环境，保证粮食、油料、瓜果、牧草等作物的高产和优质。国际上把蜜蜂授粉作为现代农业发展的重要标志。目前世界养蜂发达国家普遍以养蜂授粉为主、取蜜为辅。欧美国家对家养蜜蜂授粉的研究和技术推广工作极为重视，较早便开始了对蜜蜂授粉技术的研究与利用工作，并且还专门成立了蜜蜂授粉服务机构，建立了一整套措施，将蜜蜂授粉广泛应用于谷物、水果、牧草、花卉等各种作物。

美国作为全球农业最发达的国家之一，十分注重蜜蜂授粉技术的应用和推广。美国养蜂业发达，蜂农的收入90%依靠出租蜜蜂授粉获得，而蜂产品的收入仅占10%。美国大部分作物对蜜蜂授粉的依赖程度很大，其中，杏100%依赖蜜蜂授粉，而苹果、洋葱、花菜、胡萝卜和向日葵等依赖蜜蜂授粉的程度也均在90%以上，其他的水果、坚果、瓜果蔬菜类也对蜜蜂授粉有一定程度上的依赖性。据统计，美国现有蜂群数量约为240万群，其中约200万蜜蜂是用来出租授粉用的；1个花期每箱蜜蜂可收取租金近100美元，而转地蜂场每年平均可出租蜂群达45个花期。一年下来，收益也十分丰厚。据估算统计，美国蜜蜂对主要农作物授粉的年增产值可达150亿美元。

蜂产业作为澳大利亚畜牧业的重要领域，蜜蜂授粉在澳大利亚经济发展中扮演重要角色，蜂产业的发展亦受到政府的高度重视，并向其中投入大量科研力量。澳大利亚对蜂产业的病虫害防治十分重视，投入大量人力物力及科研经费用于蜜蜂病虫害的防治及技术研发。并且由于蜜蜂授粉的特殊性，蜜蜂病虫害不仅受到蜂产业本身的重视，同时也受到种植业及园艺业的重视，各部门相互合作采取一系列措施严防蜜蜂病虫害的发生。澳大利亚从放蜂到生产均采取机械化操作，大转地蜂农均使用养蜂车转地放蜂，车内生活设备齐全，每个养蜂车可装运 240~360 箱蜂，养蜂车上装有机械臂，蜂箱蜂桶的装卸均是机械化操作，这样使得蜂产业养殖规模大且效益高。其他农业发达的国家也十分重视蜜蜂授粉，普遍推行授粉技术。欧盟的国家中，昆虫授粉的增产价值为 50 亿欧元。

发展中国家同样重视蜜蜂授粉在农业生产活动中的应用。罗马尼亚、保加利亚为保障蜜蜂为作物授粉，专门规定凡是需要授粉的作物，都保证要有足够的蜂群授粉，并规定在蜜源利用上实行全国统一分配，授粉季节主管部门动员所有饲养蜂群为农作物授粉，有计划进行转地饲养，运输报酬由农业管理部门免费提供。

近年来，国外周年饲养熊蜂实现了产业化、商品化。如荷兰、比利时、英国、以色列、新西兰、土耳其、美国和加拿大等国相继建立了工厂化周年繁育和出售授粉用熊蜂的专业公司，随时向菜农提供授粉蜂群并销售至国外。欧洲目前有近万公顷的温室利用熊蜂授粉，已获得了可观的经济效益，在土耳其仅番茄生产每年就需要授粉熊蜂群 30 万群，而其国内熊蜂公司仅能满足需求量的 10%。熊蜂授粉成为国外温室蔬菜生产的重要技术措施，熊蜂授粉专业公司授粉业务扩展到世界各地。国内北京、吉林等授粉机构及科研单位也逐渐实现规模化饲养熊蜂，成本比国外进口低廉，为国内熊蜂授粉应用奠定基础。

蜜蜂采蜜

第二章

授粉蜜蜂的组织准备

第一节 / 蜜蜂的品种

一、蜜蜂品种及其分类

按照生物分类学，蜜蜂属于节肢动物门、昆虫纲、膜翅目、蜜蜂科、蜜蜂属。蜜蜂属内有大蜜蜂、小蜜蜂、黑大蜜蜂、黑小蜜蜂、东方蜜蜂、西方蜜蜂、沙巴蜂、绿努蜂、印尼蜂9个现生种，授粉使用较多的是东方蜜蜂和西方蜜蜂及其亚种。同一种内的各品种之间可以相互交配，不同种之间不能交配。

二、国内主要蜜蜂品种

我国蜂种资源极其丰富，国内主要蜜蜂品种为大蜜蜂、小蜜蜂、黑大蜜蜂、黑小蜜蜂、东方蜜蜂、西方蜜蜂6个种。我国各地的中华蜜蜂属于东方蜜蜂，意大利蜂属于西方蜜蜂。

1. 中华蜜蜂

简称中蜂，我国的地方品种，是以杂木树为主的森林群落及传统农业的主要传粉昆虫。中华蜜蜂体型小，飞行迅速、行动敏捷，抗寒耐热性强，有利用零星蜜源植物、采集力强、利用率较高、采蜜期长及适应性、抗螨抗病能力强，消耗饲料少等优点，非常适合中国山区定点饲养。

我国蜜蜂养殖历史可以追溯到2 000年以前，南北各地都有分布，其分布北线至黑龙江省的小兴安岭，西北至甘肃省武威、青海省乐都和海南藏族自治州，新疆深山也发现有少量分布，西南线至雅鲁藏布江中下游的墨脱、摄拉木，南至海南省，东南到台湾省，集中分布区则在西南部及长江以南省区，以云南、贵州、四川、广西、福建、广东、湖北、安徽、湖南、江西等省区数量最多。我国地域广阔、地形复杂，由于生活环境不同，根据地形地势我国的中华蜜蜂亚种大致分为东北型、华北型、华中型、华南型及云贵高原型。

2006 年，中华蜜蜂被列入农业部国家级畜禽遗传资源保护品种。

中蜂蜂王

中蜂工蜂

2. 意大利蜂

简称意蜂，原产于意大利亚平宁半岛，世界各地均有分布，也是我国当前饲养的主要蜂种之一。意蜂产卵能力强，能维持大群，蜂王平均每昼夜最高

意蜂蜂王

意蜂工蜂

意蜂雄蜂

能产卵近2 000粒。意蜂抗寒、逃避敌害和采集零星蜜源能力较弱，饲料消耗大。适合在交通便捷、蜜源集中、泌蜜期长、气候条件稳定的平原和低山丘陵地区饲养。

3. 其他品种

我国新疆、青海、甘肃、内蒙古、东北等地还饲养有新疆黑蜂、卡尼鄂拉蜂、东北黑蜂、高加索蜂等蜂种。这些蜂种普遍具有较强的耐寒性和善于利用零星蜜源的特点。

我国两广地区、海南、云南等地有大蜜蜂、黑大蜜蜂、小蜜蜂、黑小蜜蜂分布，因好迁飞，生产性能较差，人工饲养较少。

第二节 蜜粉源植物

通常将能分泌花蜜供蜜蜂采集的植物称为蜜源植物。能够产生花粉供蜜蜂采集的植物称为粉源植物。受地域性条件限制，不同地区的蜜粉源植物对蜜蜂的生活习性和饲养管理有着重要影响。

一、蜜粉源植物分类

1. 主要蜜源植物

通常为数量多、面积大、花期长、分泌花蜜量大，可以生产大量商品蜜的植物，包括人工栽培植物和野生植物。如油菜、紫云英、刺槐、柑橘等。

2. 粉源植物

在提供大量花粉的同时能分泌少量花蜜的植物，以风媒植物为主，包括少量虫媒植物。如瓜类、水稻、玉米等。

3. 辅助蜜源植物

一般指有一定数量，仅能提供蜜蜂本身维持生活、繁殖所需的花蜜、花粉的植物。辅助蜜源植物在我国种类多，分布范围广。如苹果、桃、梨等。

4. 有毒蜜源植物

有些蜜源植物分泌的花蜜或花粉能造成人或蜜蜂出现中毒症状，我们将这类植物称为有毒蜜源植物。如雷公藤的花蜜和花粉对人有毒性，但对蜜蜂无害；蜜蜂采食了藜芦的花蜜和花粉会发生抽搐，还可能毒死幼蜂；博落回的花蜜和花粉对人和蜜蜂都有剧毒。通常情况下有毒蜂蜜多为深琥珀色，同时具有不同程度的苦涩味。

二、我国主要蜜粉源植物

1. 油菜

油菜（十字花科、芸薹属草本植物）是我国最重要的蜜源植物，同时也是产量最高且最稳定的蜜源植物，长江流域、三北地区等为主产区。我国油菜

油菜

分为白菜型、芥菜型、甘蓝型三种类型。白菜型花期最早，芥菜型次之，甘蓝型最晚。花期从每年2月开始并从南至北逐渐推移。白菜型在南方地区一般于1—3月开花，长江中下游地区多在3—4月开花，华北4—5月、西北5—6月开花，芥菜型和甘蓝型在长江以南3—4月、西北和东北6—7月开花，花期1个月左右。长势较好的油菜田可按每2亩（1亩＝666.67m²）配置一群蜂。一个花期强群最高产蜜量可达40～50kg。油菜花粉丰富，呈淡黄色，无异味。

2. 刺槐

刺槐（豆科、刺槐属落叶乔木）是我国主要蜜源植物之一，也称洋槐。我国于18世纪末从欧洲引入并广泛栽植，尤其在黄河流域及淮河流域多集中连片栽植，受地势、气温、降水等条件影响，各地开花期不同，花期长短不一。始花期在长江流域一般为4月下旬，黄河流域为5月上旬，西北地区约5月中旬，由南向北推迟，花期10～15d，部分山区可达20多天。气温在22℃以上时泌蜜量最高，蜜蜂采集其花蜜酿制的就是槐花蜜，一个花期每群蜂可产蜜10～40kg，同时刺槐也能提供优质王浆。

刺槐

3. 枣树

枣树（鼠李科、枣属落叶乔木）是我国主要蜜源植物之一，在我国除东北和青藏高原外的各地山区、丘陵或平原均普遍分布，尤其以华北和西北等地

枣树

区栽培最广泛，一般于每年 5 月中旬至 6 月上旬开花，花期可达 35 ~ 40d，蜜蜂采集其花蜜酿制的就是枣花蜜，一个花期每群蜂可产蜜 15 ~ 25kg。

4. 椴树

椴树（椴树科、椴树属落叶乔木）分为紫椴、糠椴，是我国东北地区主要蜜源植物之一，尤以完达山脉、大兴安岭、小兴安岭及长白山脉等地分布最集中，其中紫椴每年 7 月上旬至中旬开花，而糠椴则每年 7 月中旬至下旬开花，气温 22 ~ 25℃，空气相对湿度 70% 左右泌蜜最多。蜜蜂采集花蜜酿制的就是椴树蜜，一个花期每群蜂可产蜜 20 ~ 30kg，丰年强群产蜜量可达 50kg 以上。

椴树

5. 枇杷

枇杷（蔷薇科、枇杷属）是我国冬季重要的蜜源植物之一，主要分布于华东、华南、华中及西南等地，尤以福建、江苏、浙江等地分布最为集中，每年10—12月开花且因品种及树势等不同而略有差异，花期可达30~35d，泌蜜最适温度为18~22℃，一个花期每群蜂可产枇杷蜜5~10kg。

枇杷

6. 柑橘

柑橘（芸香科、柑橘属）是我国主要蜜源植物之一，在我国大部分地区均有分布，其中尤以浙江、福建、湖南、四川等地分布最为广泛，花期因品种及气候等不同而有差异，但一般大多集中在每年2—5月开花，花期一般为15~20d，大流蜜期一个强群可产柑橘蜜15~20kg。

柑橘

7. 荆条

荆条（马鞭草科、牡荆属落叶灌木）是我国主要蜜源植物之一，同时也是我国最大宗且最稳收的蜜源植物，广泛分布于我国东北、华北、西北等地且多生长于山地阳坡及林缘，一般于每年 6 月上中旬至 7 月中下旬开花，花期最长可达 40 ~ 50d，一个花期每群蜂可产蜜 15 ~ 20kg。

荆条

8. 荔枝

荔枝（无患子科、荔枝属常绿乔木）是我国华南主要蜜源植物之一，尤以广东、福建、广西等地栽培最为广泛，四川、云南、贵州及台湾也有少量栽培，早熟品种于 2 月上旬至 3 月中旬开花，晚熟品种于 3 月下旬至 4 月中旬开花，一个花期每群蜂可产蜜 10 ~ 20kg 且丰歉年极为明显。

荔枝

9. 龙眼

龙眼（无患子科、龙眼属常绿乔木）是我国华南主要蜜源植物之一，在我国西南部至东南部栽培很广泛，其中尤以广东、福建等地分布最为集中，云南及广西南部等地有野生或半野生于疏林中，一般于每年3月上旬至6月上旬开花且大小年明显，一个花期每群蜂可产蜜10~30kg。

龙眼

10. 桉树

桉树（桃金娘科、桉属落叶乔木）是我国主要蜜源植物之一，在我国福建、广西、云南和四川等地分布较广泛，其中小叶桉于每年6月左右开花，大叶桉一般在每年9月初开花，速生桉的花期为每年9—10月，而柠檬桉则于11月至第二年1月开花，一个花期每群蜂可产蜜20~40kg。

桉树

11. 紫云英

紫云英（豆科草本植物）又称红花草，是我国长江中下游地区及南方地区春季主要的蜜源植物。因维度不同，自南向北每年1月至4月开花，广东、广西始花期为1月下旬，湖南、江西3月中旬，湖北、安徽、江苏4月上旬，河南4月下旬，花期达20多天，一个花期每群蜂产蜜20～30kg，强群可达40kg。花期适宜的泌蜜气温在25～30℃，紫云英蜜品质优良，是主要的出口蜜种。

紫云英

12. 荞麦

荞麦（蓼科、荞麦属）是一年生草本农作物，在我国分布甚广，南到海南省、北至黑龙江、西至青藏高原、东抵台湾省均有分布，其主要产区在西北、东北、华北以及西南一带高寒山区，是我国秋季的主要蜜源植物。荞麦在东北与西北地区的花期在8月上、中旬，华南和西南地区在10月上旬，花期30d，泌蜜适温25～30℃，西北地区采荞麦蜜的蜂场除留足饲料蜜外，还能获取商品蜜20～50kg。

荞麦

13. 鹅掌柴

鹅掌柴（五加科、鹅掌柴属）又名鸭脚木，是我国冬季重要的蜜源植物之一，主要分布于我国华南及华东等地，尤以广西、广东、浙江、福建、海南、台湾等地分布最为集中，每年 11 月至翌年 2 月开花，群体花期可持续 30d，泌蜜最适温度为 20～25℃且泌蜜量稳定，一个花期每群蜂可产鸭脚木蜜 10～40kg。

鹅掌柴

14. 党参

党参（桔梗科、党参属）是药用草本植物，在我国甘肃、宁夏、山西、陕西大面积栽培。党参具有花期长、泌蜜多的特点，气温超过 20℃即开始泌蜜，整个花期从 7 月下旬至 9 月中旬，长达 50d 左右。群均产蜜 30～40kg，强群丰年可达 50kg。

党参

15. 乌桕

乌桕（大戟科、乌桕属）是落叶乔木，别称木梓、木蜡树、卷子等，我国黄河以南各地普遍分布，其中以贵州、湖北、湖南、四川、安徽、江西等地，在福建、浙江等地也有分布，是我国夏季主要蜜源植物。乌桕主产区的花期在6月上中旬至7月上旬，泌蜜适温25～32℃，一般年群均产蜜20～40kg，在长江以南山区生长着一种山乌桕，5月中下旬开花，群均产蜜20～30kg。

乌桕

16. 苜蓿

苜蓿（豆科、苜蓿属）是我国夏季主要的蜜源植物之一，种类较多且多为野生植物，其中最著名的是作为牧草的紫花苜蓿，主要分布于我国西北、华北、东北等地，每年 5—7 月开花，花期持续约 30d，泌蜜适宜温度为 28～32℃，一个花期每群蜂可产苜蓿蜜 20～30kg。

苜蓿

/ 第三节 / 蜂箱

蜂箱的种类及特点

　　蜂箱是一种最为基本的养蜂器具，也是供蜂群栖息、繁衍、生产、储存和利用蜂产品的重要场所。通常指蜂路结构合理、巢框可以移动的活框蜂箱。养蜂实践中，不同地区的养蜂者根据蜂路原理，结合当地的养蜂习惯、饲养蜂种、蜜粉源以及气候条件等情况，设计出了各式各样适合当地养蜂的活框蜂箱。

　　蜂箱种类繁多，基本结构大致一样，一般由巢框、箱体（包括继箱和底箱）、活动底板、箱盖、副盖、隔板和巢门挡等部件以及闸板、箱架和隔王板等附件构成。

蜂箱

1. 西方蜜蜂蜂箱

西方蜜蜂蜂箱适用于饲养意大利蜜蜂、欧洲黑蜂、高加索蜜蜂等西方蜜蜂，目前使用较为普遍的西方蜜蜂蜂箱为朗式十框蜂箱和达旦式蜂箱 2 种。

（1）朗式蜂箱

朗式蜂箱是由美国著名蜜蜂行为专家朗斯特罗什指根据朗式蜂路结构及巢框的形状、大小设计的活框蜂箱，是活框蜂箱的鼻祖，也是世界上流行最广的蜂箱。该蜂箱自 1851 年发明以来，已经过上百年的养蜂实践检验而不断完善和发展。我国在 20 世纪初引进西方蜂种的同时引入了朗式蜂箱。

根据朗式蜂箱底板是否与箱体连成一体，可分成 2 类：活底朗式蜂箱和固定底朗式蜂箱。按照每类蜂箱单个箱体所能容纳巢枢的数量，又分为多种不同框式的朗式蜂箱，如朗式八框蜂箱、朗式十框蜂箱和朗式十六框卧式蜂箱等箱式。

朗式蜂箱的特点在于形式繁多，生产性能全面，取蜜方便，可实现多次取蜜且不会伤害到巢脾，有利于培养蜜蜂强群。朗式蜂箱既合乎蜜蜂生物学的要求，又适应现代科学养蜂生产规律，被公认为饲养西方蜜蜂的标准蜂箱。在我国，朗式蜂箱被普遍应用于饲养西蜂和中蜂，目前最常用的朗式蜂箱是十框式的朗式蜂箱，常被称为"标准蜂箱"。

朗氏蜂箱

（2）达旦式蜂箱

达旦式蜂箱是美国的达旦在原始朗式蜂箱的基础上设计的一种活框蜂箱，在世界各地被采用的数量仅次于朗式十框蜂箱，欧洲采用得尤为普遍。达旦式蜂箱的其他部件除了大小外，形状均与朗式蜂箱的相同。

达旦式蜂箱的特点在于箱体容积扩大，能充分满足强群的产卵需要，有足够的巢脾面积贮备粉蜜，为越冬、育子准备充足饲料。但是箱体加重，搬运困难；箱体容积较大，不利于产生巢蜜。适用于固定场地或较少转地饲养的蜂场。

2. 中华蜜蜂蜂箱

我国在引入朗式蜂箱养殖西方蜜蜂之前，普遍采用圆桶蜂箱饲养中蜂。20世纪初，在引进西方蜜蜂和朗式蜂箱后，我国养蜂者逐渐开始尝试用朗式蜂箱或参照朗式蜂箱设计出各种衍生蜂箱来养殖中蜂。但这种活框饲养方式容易出现中蜂分蜂、飞逃和难以饲养强群等缺点。为克服这些缺点，后来出现了根据传统圆桶蜂箱特点改造出来的圆格子蜂箱、方格子蜂箱，为了使中蜂蜜脾分离研制出组合框中蜂箱以及为了适应科学技术发展而成为研究热点的智能蜂箱。

（1）朗式蜂箱衍生蜂箱

朗式蜂箱传入我国后，国内养蜂工作者根据中蜂的特点，研制出各式各样的中蜂蜂箱，目前使用较为普遍的包括中华蜜蜂十框蜂箱、从化式中蜂箱、中一式中蜂箱、高仄式中蜂箱、GN式中蜂箱和FWF型中蜂箱等。

朗式蜂箱及其衍生蜂箱的设计原理相同，都是依据蜂路和活框的原理来设计的，在巢框尺寸的基础上结合框间蜂路、上下蜂路和前后蜂路推导出蜂箱的内围尺寸，再组合巢门档、副盖、大盖、隔板等部件即可构建出一个类型的蜂箱，它们的区别在于巢框的尺寸略有不同（表2-1）。

相较于木桶、树洞、竹笼等传统养蜂器具，这类蜂箱的优点有：更便于进行蜂群检查、人工分蜂、调脾合群、取蜜和运输。但也存在许多不足：容易导致蜂群分蜂、飞逃、生病；开箱检查操作蜂群和加脾等工作加大了工作量；中蜂蜂蜜品质有所降低。

（2）圆桶蜂箱及其衍生蜂箱

圆桶蜂箱是养蜂工作者在观察野生蜜蜂自然筑巢和猎取蜂蜜的基础上研制

表2-1 朗式蜂箱和6种中蜂蜂箱的巢框尺寸

箱式	巢框内围		巢框厚度	巢框单面有效面积
	长（mm）	高（mm）	（mm）	（mm²）
朗式蜂箱	428	202	25	86 456
中蜂十框蜂箱	400	220	25	88 000
从化式中蜂箱	350	215	25	75 250
中一式中蜂箱	385	220	25	84 700
高仄式中蜂箱	244	309	25	75 396
GN式中蜂箱	290	132	25	38 280
FWF型中蜂箱	300	175	25	52 500

圆桶蜂箱

出来的，被用于中蜂饲养已有数千年历史。通常采用70~100cm、直径30~50cm的原木，纵向从中间一分为二，中间掏空，壁厚留3~4cm，在中间位置开出能让4~5只蜜蜂自由出入的孔洞作巢门，并在下半巢下方开一个通风清洁孔，上下对合而制成。后期养蜂工作者对其逐渐进行完善，在圆桶蜂箱的基础上衍生出多种蜂箱，主要有圆格子蜂箱和方格子蜂箱，其在圆桶蜂箱的基础上实现了上节取蜜和加节的功能。

圆桶蜂箱及其衍生蜂箱的优点有：更符合中蜂的生活习性，有利于维持强群夺取高产；管理难度和工作量较小。但是也存在易造成蜂群损失、不能批量管理，难以进行标准化、规模化养殖、割蜜时容易割到子和粉等缺点。

（3）组合框中蜂箱

组合框中蜂箱是为了优化使用西蜂活框技术养殖中蜂的不足而研制出来的，主要包括子蜜分离框和无下梁组合框两种类型。其中子蜜分离框与朗式蜂箱及其衍生蜂箱的主要区别在于：其巢框分离出两个部分，上面储蜜，下面储粉和子，取蜜时只需将蜜区部分取出，摇蜜时不会伤子。无下梁组合框综合了活动巢框和圆桶蜂箱的优点，由多个小节组合起来形成一个无下梁的巢框。其最大的特点是符合中蜂"往下结团，往下造脾"的生物学特性，在去掉巢框下梁后，既能像在朗式蜂箱及其衍生蜂箱一样开箱提脾检查，也能像圆桶蜂箱一样不断往下造新脾。但是缺点是无下梁组合框的连接方式和取蜜方式较复杂，无法实现规模化、标准化养殖。

组合框蜂箱

a.子蜜分离框；b.无下梁组合框

（4）智能蜂箱

近年来，随着电子信息技术的快速发展，信息化、智能化成为我国农业发展的新趋势，智慧蜂业成为未来蜂业发展新方向，智能蜂箱应运而生。其设计原理是在蜂箱上安装一套采集蜂群信息的检测装置，采集数据后直接通过网络上传到云服务器中，进行存储和分析。智能蜂箱的特点是能够采集蜂箱内的温湿度、蜂群重量、蜂群进出量等信息。现阶段用于中蜂养殖的智能蜂箱更侧重于数据的采集，通过算法形成相应的智能化配套养殖技术，然而这些采集数据还未能得到充分利用。此外，由于目前的智能检测装置多安装在朗式蜂箱上，养殖过程中需经常性进行加脾、抽脾等繁杂工作，未能充分发挥智能设备的作用。

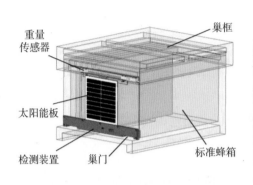

智能蜂箱结构图

智能授粉蜂箱

蜜蜂进行大田作物授粉时不需要专用设备，可选用标准朗式蜂箱；但为大棚和温室作物授粉时，需要配备授粉专用蜂箱。

大田作物授粉蜂箱

3.授粉专用蜂箱

在授粉实践中，利用现有蜂箱为大棚、温室作物授粉存在一些问题。其一，蜂箱体积过大，占地面积大，搬运不方便；其二，成本费用高，不经济；

其三，保温性能差，不利于蜂群繁殖；其四，授粉群势较小，大箱养小群，浪费箱容。因此，授粉专用蜂箱不但要符合蜜蜂的生物学特性，更要适应授粉工作实际需要。

近年来，我国蜜蜂授粉相关工作人员针对上述问题开展了许多研究，也作出一些有益尝试。根据相关研究，制作温室、大棚作物授粉的专用蜂箱可参考以下列材质和尺寸。

（1）尺寸

根据温室和大棚的内部实际面积，授粉时一般不需要太大的群势，授粉蜂箱的体积应适当减小，有研究建议蜂箱的内部尺寸为长465mm、宽180mm、高265mm。

（2）材质

根据授粉专用蜂箱的不同材质，可以分为木质授粉专用蜂箱和纸质授粉专用蜂箱。目前木质授粉专用蜂箱使用较为广泛，该蜂箱相较于标准朗式蜂箱而言，箱体容积减小、不浪费箱容，但是成本较高，箱体较重，不易于搬运、移动。针对这些问题，蜜蜂授粉市场研制出了纸质授粉专用蜂箱，此类蜂箱兼具体积小，重量轻，造价低，蜂数量合适，保温性能好，防潮湿等优点。

木质授粉专用蜂箱

第四节 授粉蜂群的运输、接收管理

蜜蜂运输机械化是现代化养蜂业的主要内容之一。我国自20世纪80年代以来，研制出多种运蜂专用车，为我国实现蜜蜂运输机械化和养蜂现代化打下良好基础。授粉蜂群的运输是蜜蜂授粉过程的重要环节，集中运输的方式，对促进授粉市场的规模化和规范化具有积极意义。

一、运输工具

1. 运蜂车

运蜂车指专用于运送蜜蜂的特种汽车。20世纪80年代，我国先后研制了FC-1型养蜂专用车、华东牌CS15AF型养蜂专用车、华东牌CS934AF型养蜂车等近十种专用运蜂车，是蜂群转地运输的有效工具。目前，利用厢式货车来运输授粉蜂群已经十分普遍。

（1）FC-1型养蜂专用车

1982年，中国农业科学院蜜蜂研究所在解放CA-10B型底盘的基础上研制的我国第一部养蜂专用车。这款养蜂车全长为8 000mm，宽为2 450mm，高为4 000mm。其他参数与原来车型的相同。

（2）华东牌CS15AF型养蜂专用车

1983年，中国农业科学院蜜蜂研究所与江苏省汽车工业公司常熟汽车修配厂联合研制这款养蜂车。这款养蜂车全长8 320mm，宽2 488mm，高2 800mm。驾驶室为双排座，后排系通长软座，坐卧两用。驾驶室同时可坐5~7人或4人同卧。车厢分杂物厢和货物厢两部分。车厢为全金属固定栏杆式结构，后栏板上部固定，下部可开启以装货物。

（3）华东牌CS934AF型养蜂车

1985年，由中国农业科学院蜜蜂研究所与江苏常熟专用汽车制造厂联合制成。这种养蜂专用车车厢大小为 8 540mm×2 410mm×1 550mm，可装十框标准箱继箱群蜜蜂 210 群。

（4）厢式货车

是一类用于运载货物的商用车，具有独立的封闭结构或与驾驶室连成一体的整体式封闭结构车厢，规格尺寸可选范围较广。该类货车使用起来机动灵活、操作方便、空间利用率高，尤其是具有空调系统的厢式货车，能够大幅度减小不利气候对蜂群运输过程中的影响，应用广泛。

2. 蜂场手推车

蜂场手推车是蜂场上用于搬运蜂群的小型人力车。它既可以减轻授粉工作人员搬运蜂群、蜂箱等的劳动强度，也可以大大提高搬运蜂群的工作效率。

蜂场单轮手推车由车轮和扶手架构成。扶手架两个，分别铰接于车架的两侧，可以左右扳动；下部设计有 L 形钩，用以钩在蜂箱下方提起蜂箱。搬运蜂群时，把手推车的扶手架张开对准蜂箱后退，使车架抵到蜂箱的前壁或后壁，收拢两扶手架，L 形钩钩在箱底下方，然后提高扶手把蜂箱提起，推车行进。

二、运输管理

授粉蜂群每年需多次转场运输提供授粉服务，由于空气不畅、食物匮乏、天气炎热、寒冷、颠簸晃动等因素，运输途中容易造成蜂群的应激。运输应激对蜂群的影响是多方面的，对健康状况、生产性能都会造成影响，使生产性能、免疫力、繁殖力下降，引发疾病，从而降低授粉效果。因此，授粉蜂群转场运输过程应该尽量避免发生应激反应，可采取以下管理措施。

1. 有效固定

固定好巢脾和授粉蜂箱，防止运输过程中挤压蜂箱及剧烈震动。

2. 加强通风

夏季，通风不畅是造成巢内高温、高湿缺氧的主要因素。运输过程中，如果是密闭且没有空调系统的运输工具，关闭巢门会导致蜂群闷死，可通过打开巢门或借助巢门空气流通管的设计来解决运输中的通风问题。此外，使用带有空调系统的厢式货车作为运蜂车也可以避免蜂群在运输中出现被闷现象。

3. 补充水分

水分具有温度调节和满足机体代谢需要的功能。在饮用水中添加多种维生素、矿物质能有效缓解运输应激。

4. 防止偏蜂

可通过区分运蜂车侧钢架踏板颜色、用木板分隔等手段有助于蜜蜂辨认蜂巢、防止偏蜂。

三、运输过程注意事项

运输蜂群时，要注意以下事项：①运蜂车等运输工具应清洁，无农药等有害有毒物品污染；②蜂群运输前应认真细致地做好蜂箱包装工作，确保每个蜂箱的巢脾都固定好；③确保蜂群饲料充足，长距离运蜂在装车前2h，每个蜂群加一张水脾；④调整好巢门方向（关门运蜂方式巢门朝前，开门运蜂方式巢门横向朝外）；⑤合理安排运蜂时间，开巢门运蜂，应在傍晚蜜蜂归巢后进行启运；关巢门运蜂，装车后立即起运。夏冬季节，运蜂车应尽量选用有空调系统的厢式货车。高温季节运输时，车内温度应控制在 22 ~ 25℃。

四、蜂群接收

工作人员在接收授粉蜂群时，应检查蜂箱数量、类型，蜜蜂品种，蜂王状况，蜂群群势和健康状况（是否性情温顺、无蜂螨、白垩病、爬蜂等病症）、蜂箱状况（是否有适量的蜂蜜、花粉和充足的空巢房）等，做好交接记录。如蜂群有异常，应暂缓用于授粉。

第三章

授粉蜂群生产应用管理

/ 第一节 / 一般饲养管理技术

　　蜜蜂饲养管理学是一门关于蜜蜂科学饲养管理的应用科学，主要研究如何根据蜜蜂的生物学特征和外界气候、蜜源、病敌害等环境条件，获取优质、高产蜜蜂产品和为农作物高效授粉等蜂群管理技术措施以及建立蜂场的方法。蜜蜂饲养管理技术是根据蜜蜂的特点并按照人类的目的和要求，施加管理和特殊的组织，有效地引导蜂群活动，并完成各项生产任务。适时培养和维持强群，并控制蜂群适龄采集蜂出现的高峰期，恰好与授粉作物花期相吻合，这是奠定高效授粉的基础。传统蜜蜂饲养管理主要研究方向是以蜜粉源、蜂种、一般饲养管理技术为主，最终目的则是以蜂产品为中心进行发散性学术和技术研究，而在蜂产品行情持续下行，授粉应用日趋上升的前提下，适时进行授粉方向学术研究和技术攻关则是有必要的。

　　现有蜜蜂一般饲养管理基础是按照春繁、度夏、秋繁、越冬四个阶段划分，并以油菜花期为周年蜂产品获取的起点，椴树花期结束为周年蜂产品获取的终点，是根据自然界蜜粉源进行蜂群一般管理的技术。而由于设施农业的普及、作物优良品种的推广、授粉人工的缺失，蜜蜂授粉应用日趋常态化，各类作物花期有别于自然条件下的状态，蜜蜂一般管理技术必须根据设施农业中的作物花期进行改变，以适应种植业授粉消费市场。

　　授粉应用方向中，主要分前、后端两方面：前者是授粉工作前期，蜜蜂的繁殖力、培育周期、蜂种选择、蜂王培育周期等因素，后者是授粉工作期间，蜜蜂在设施农业中和大田环境中的授粉效果、生存状态、适应力等因素。前者单纯是畜牧（养蜂）体系的研究工作，后者则是种植业和畜牧业都可介入的研究工作。而后者研究的成功前提条件是蜜蜂群的相对标准化，以一个相对标准值进行作物的授粉研究，如种植业甜瓜蜜蜂授粉标准，以蜜蜂为相对固定标准值，甜瓜授粉效果为可变因素进行制定，而如何将蜜蜂成为相对固定标准值，这就需要前者授粉工作前的蜜蜂饲养管理学基础研究，并以此进行标准化、产业化、信息化工作，为后者做基础铺垫。

全国气候差异很大，本书以上海及周边地区为例，探讨授粉应用方向蜜蜂一般管理技术，为该领域填补技术空白，也为养蜂户提供相应参考。

一、授粉蜂群扩繁场地选择

授粉蜜蜂扩繁的场地要求相对较低，基本遵循传统养蜂场地选择条件，主要有利于蜂群发展来考虑，区别是扩繁场地基本每年是固定的，必须通过现场认真的勘察和周密的调查，在投入建设前，一定要特别慎重。

1. 蜜粉源

上海地区的蜜粉源基本是以油菜为开始，一般 3 月中上旬进入油菜始花期，5 天白天均温超过 15℃，蜜蜂进入繁殖高峰初级阶段。但近几年上海地区早春温度上升较快，例如农村村民播撒的青菜之类的作物，2 月中下旬可作为第一批刺激蜜蜂繁殖的蜜粉源，不过应注意倒春寒，春分节气前尽量不要卸掉蜂箱保温措施。

在固定扩繁场地的 2.5～3.0km 半径内，春繁和秋繁只要有满足刺激蜂群繁殖的蜜粉源即可适合授粉蜜蜂的需求，一般油菜花期可兼顾蜂群扩繁和蜂蜜采集。上海地区的选址宜挑选，临近村庄，但又要相对远离村民居住地和出行路径。在实际生产中 500m 已经满足蜂场与村庄间隔的基本要求，既可以预防蜜蜂蜇伤等事故，又能采集到村民自发种植的辅助蜜粉源作物，如丝瓜、豆类、瓜类等。

2. 蜂场交通

授粉蜜蜂扩繁场地需要选择交通便利的地方。授粉需求是短期性、高效率的事件，如西瓜授粉，集中在 4 月 10—20 日，需要在该阶段频繁地运输授粉蜂群。

3. 小环境条件

扩繁场地周边的小环境，会直接影响蜂群繁殖等结果。上海及周边临近地区多数为平原，所以场地应选择地势高燥、背风向阳，一般是北面有房屋等遮挡物，南面相对空旷，阳光充足，蜂场种有稀松高大树木。春天可防寒，夏天可免遭烈日暴晒。500m 内有干净水源，或者蜂场自建干净水源。不适合选址在水库、湖泊、河流等大面积水域临近区域。如周边有其他蜂场的，应间距1 000m 以上。

二、扩繁母群选择

1. 选择和确定母群蜂种

蜜蜂授粉一般可选三种蜂种即中蜂、意蜂和熊蜂。意蜂适合 3—11 月期间的授粉需求，如蜂场主要订单为西甜瓜、果树之类的授粉需求，则可以意蜂为主；中蜂适合 12—翌年 3 月之间作物授粉需求，蜂场主要订单为草莓等授粉需求，则可以中蜂为主；蜂场两者均介入，则是以上半年主意蜂、下半年主中蜂模式进行操作；熊蜂原则上全年可为作物授粉，较适合茄科类等无蜜腺作物授粉需求。养殖者需结合当地实际种植市场需求、蜜粉源和养殖管理操作模式进行技术微调，蜂种间存在授粉应用领域重合，没有绝对的优势蜂种。

2. 母群来源

可以选择购买或自繁两种模式，成本相差不大。购买母群时间，上海地区上半年基本在 2 月底 3 月初这个时间段，也就是春分之前母群必须到位，下半年基本在 9—10 月，一般在中秋左右母群到位。春分之前到位的母群，通过油菜花期 30d 左右达到繁殖高峰，有利于春季授粉群的组建；中秋左右到位的母群，通过上海地区零星蜜源，如一枝黄、丝瓜等，可以达到秋繁目的，有利于冬季授粉群的组建。

3. 蜂种特性

蜂群管理难易直接影响劳动生产率的高低。以授粉需求为目的的扩繁，蜂种特性重点应体现蜜蜂的性情、分蜂性、盗性、产育力等关键因素。根据蜂场内以及蜂场附近 1～2km 范围内选择合适蜂种，一般规模化扩繁较适合意蜂，性情稳定，产育力强，可以单位面积内养殖更多蜜蜂；中蜂由于分蜂性较强，且上海地区 6—8 月高温、少蜜粉源，不适合中蜂生存，建议在 9—10 月引进中蜂扩繁，满足草莓授粉需求。

4. 母群挑选

母群最好是从连年越冬春繁稳定的蜂场购买。一般越冬春繁稳定的蜂场则代表蜂种质量和养殖管理技术均达到了高等级水平。在挑选母群的同时，可以通过跟蜂场的交流中提升自己养殖水平。

（1）选择依据

蜂王年轻健壮、产卵力强；子脾维持面积大，封盖子脾整齐成片，无花子及幼虫病；1~3日龄幼虫底部浆多、3~9日龄发育饱满；工蜂健康无病，无严重螨害，幼年蜂和青年蜂居多（出房20日龄以内），性情温顺，开箱无明显躁动；巢脾平整，3年内巢脾为佳。

（2）挑选方式

① 箱外观察。一般购买蜂群主要选择在早春或晚秋，外界有少量蜜粉源，可以通过在晴朗天气，8—10点观察蜜蜂出勤采粉情况，采粉蜂归巢比例多，说明蜂箱内卵虫多，蜂王产卵力强。如果蜂箱巢门口有少量死蜂，可具体分析原因并判断该群是否值得购买；如果有大量死蜂，且整个蜂场均有出现，则放弃购买重新选择其他蜂场。

② 开箱检查。在箱外观察的基础上，确定购买数量后，通过随机开箱抽检进行，一般随机开箱检查比例10%~20%。

③ 群势要求。春繁期间，以双王群为主，左右各3脾足蜂，封盖子面积超过70%比例的巢脾2张，幼虫脾1张，健康蜂王1只；秋繁期间，一般是以8~10脾蜂量的高箱群进行引种，可单王，也可双王，单王群巢箱5脾，其中子脾一般3~4张，继箱为蜜粉脾，双王群巢箱左右各3脾，总计6张子脾，继箱为蜜粉脾。

三、蜂群入场阶段管理

1. 蜂群分布

中蜂按照主蜂场育种，大部分蜂群分散2~3km半径范围内不规则摆放为原则；意蜂按照主蜂场育种繁殖，交尾群按2~3km范围内不规则分散的原则进行，蜜粉源缺失时，可主副蜂场分别管理，减少盗蜂风险。

2. 蜂箱放置

中蜂认巢能力差，容易投错，且盗性强，可根据周围地形，分散不规则摆放，上海地区可在远离村庄的绿化涵养林四周摆放；意蜂认巢能力强，且相对盗性弱，可在盛花期上百箱集中摆放，缺蜜粉期30~50群主副场地分开摆放，摆放排列一般为单箱并排、双箱并排、环形排列三种，具体视场地而定，主要原则就是避免采集蜂投错，方便管理。

3. 蜂用农资标准化管理

建立生产日志制度，内容包括：放蜂地点，蜜源种类，蜂药使用品种、用法、用量、疗程，蜂箱、蜂具清洁、消毒记录等，日志要有专人负责，记录完整，建档保存。

开箱检查

四、蜂群扩繁阶段管理

蜂群阶段性管理是一项科学性很强的技术。需要严格遵循自然规律，正确处理蜂群与气候、蜜粉源之间的关系，掌握蜂群青壮年蜂出现的高峰期与授粉期相吻合，以蜜蜂角度进行三者间微妙的平衡发展关系，奠定高效授粉的基础。

1. 春繁

一年之计在于春，万物复苏，蜜蜂结束越冬，进行繁殖，在自然状态下，蜜蜂和其他昆虫基本相同，在春分时节开始繁殖，但作为人工繁殖昆虫，可以通过饲喂刺激和科学管理，达到蜜蜂提前繁殖的目的，为春季油菜花期蜂群扩繁或采集蜂产品，储备一定比例的青壮年蜂。

（1）目的

为了在有限蜂群增长阶段培养强群，使蜂群中青壮年蜂与油菜花期相吻合，管理目的，是以最快速度恢复和发展蜂群。

（2）影响因素

外界低温和箱内保温不良、保温过度、蜂群衰弱和哺育力不足、巢脾储备不足影响扩繁以及发生病敌害、盗蜂、发生分蜂热等。

（3）春繁准备

① 场地要求。除必要的蜜粉源，春繁场地应选择在干燥、向阳、避风的地方布置蜂群，最好在蜂场的西北两个方向有挡风屏障。早春冷风吹袭会使巢温下降，不利于蜂群育子，并提高蜂群存蜜消耗量，加速工蜂衰老。

② 放王。根据蜂农扩繁计划确定放王时间，一般在 12 月左右进行。为期 30d 左右的关王处理即可放王。为节省饲料消耗，可以延期放王。上海及周边地区，最早是 1 月中旬，最晚 2 月初进行放王步骤，进入春繁工作。

③ 其他物资准备。新老巢脾，根据蜂群的数量必须准备适量的老巢脾，便于蜂群迅速扩繁，待到蜂群发展到可以加继箱，则用新巢础进行新巢脾的制作和使用。消毒过的蜂箱，一般按照母群 1∶1 的比例准备空蜂箱，提前进行空蜂箱的消毒工作。除螨药物，按照国家标准进行蜂药的购买、保存和使用。饲料，包括白糖和花粉饲料，早春蜜粉源稀少，需要适当补充饲料，促进蜂群更好的繁殖。

（4）春繁启动

① 全面查蜂、除螨防治。打开蜂箱将巢脾依次提出仔细检查，全面了解蜂群的蜂、子、王、脾、蜜、粉等情况，如有特殊情况蜂群做好相应记录。春繁第一次全面查蜂的时间基本选择在放王后 7d 内，幼虫未封盖前。应选择在天气晴朗的中下午，同时配合除螨水剂的防治疗程，可很好控制 60~90d 螨虫危害。后期的全面查蜂视蜂场情况自行决定，一般全面查蜂和蜂螨防治、按放王台、平衡群势等操作同步进行，方便管理，节省人工。其他例如培育王

台、疫情防控、介王等都配合在局部性查蜂，整个养蜂管理过程，均围绕全面查蜂、局部查蜂、箱外查蜂3种方式预防问题、发现问题和解决问题。

② 换箱换脾、均衡群势。母群第一次全面调整，也是防病的一种重要手段，基本方法是将已经除好螨的蜂群进行定数、定框管理，确定蜂数后，将之抖入经消毒过的干净蜂箱中，再视情况加入原群蜂脾、优质蜜粉脾、产卵空脾。以1张蜂脾保持1.3～1.5脾蜂量为佳，也就是3框足蜂（约7 500只）加2张巢脾，4～5框足蜂（约10 000只）加3张巢脾，该阶段必须遵循蜂多于脾，早春温度低，蜂量的紧密性可维持整个蜂群温度，更好地促进繁殖。可与全面查蜂、除螨防治工作同期进行，也可分开进行。

③ 饲喂。在春繁早期阶段，基本以奖饲为主，主要是刺激蜂王产子，提高蜂群哺育情绪，上海及临近地区一般是以1份优质蔗糖兑水1份的比例进行配制，意蜂饲喂200～500g，中蜂饲喂100～300g，自放王开始到油菜花开花早期，持续性饲喂。

④ 适当保温。早春在气温不稳定的情况下，要做好保温工作，大致方法有蜂箱下铺垫干稻草，蜂箱内空隙处用干稻草进行填充，副盖上多用几层报纸或者保温棉等，大盖要盖严实，同时在低温、阴雨、夜晚加盖防雨布等措施。随着气温升高、外界蜜粉源出现，需要适当减少保温，否则蜂箱内会引起湿度过大，视气候情况，先撤除箱内保温措施，然后箱外保温措施，最后箱底保温措施。

⑤ 加脾扩繁。有效扩大卵圈，增加子脾数量，是春繁阶段的重要任务，但早春气候温度的多变性，使得扩大卵圈，增加子脾难度上升，因此春繁阶段，蜂农应因地制宜合理操作。上海及周边地区一般在第一代新蜂出房后增加第3张脾，也就是在2月中上旬扩大卵圈，完成新老蜂融合。在添加第四张脾时，新蜂已经完全替代老蜂，与流蜜期完美衔接。所以上海春繁时间是在油菜开花前推45～50d开始，21d一代蜂，通过两代青壮蜂的储备，在4月油菜花期达到最佳繁殖和采集群势。

⑥ 强弱互补。春繁阶段均衡群势的主要方法是互相调节即将出房的封盖子脾，达到全场蜜蜂群势基本相同。具体操作方法为，春繁早期加第三张巢脾时，可将强群封盖子脾1张调换至弱群，但强群只能抽取一张，而弱群蜂量必

须足蜂 2 框以上，将弱群的蜜粉脾或者幼虫脾抽出，抖蜂入原群，加入封盖子脾，幼虫脾则加入强群哺育。

⑦ 上继箱。以授粉为目的，原则上不用上继箱，以双王群左右各四脾即可不断分蜂，但为了兼顾收入，辅助收取蜂产品，继箱也可以全部上。在双王群达到左右各 3 脾封盖子时，即可准备继箱、隔王板等设备，一般上海地区在 3 月 20 日前上继箱，蜂群达到春季最佳采集状态。操作方法是在巢箱双王群中各抽取封盖子脾 1 张，置换成空脾或蜜粉脾，一般巢箱保持左右各三张脾进行繁殖，有些强群可以保持左右四张脾进行繁殖，添加平面隔王板，上继箱，将抽出的 2 张封盖子脾，置于继箱中间位置，左右添加保温板，后续操作就是将巢箱封盖子脾置换到继箱中的重复工作，或者就是添加新巢础，制作新脾等。

（5）交尾群组织

① 组建。准备 1 只蜂箱，从每个强群提出一两框封盖子脾，放入箱内，一箱放 8 个带蜂封盖子脾，盖好箱盖，把蜂箱放到远离其他蜂群的地方。经过几小时，飞翔蜂飞回原巢，封盖子脾上大部分是幼蜂。也可用特制小脾，带封盖子脾组建。

② 放置王台。在移虫后的第十天左右，即王台封盖后的第六到七天，把王台分别诱入交尾群。交尾群的蜜蜂少，调节和保持蜂巢温度的能力弱，不宜提早诱入，以免延迟蜂王出房时间。

③ 管理。对于交尾群要做好保温、遮阴、防止盗蜂的工作，保持饲料充足。交尾群的群势弱、幼蜂多，一旦发生盗蜂，它们没有防御能力，容易发生蜂王被围而受到伤亡。

④ 检查。在天气正常情况下，处女王一般在出房后 5~7d 交尾，在 10d 左右开始产卵。诱入王台的第 2 日或第 3 日进行第一次检查，主要检查蜂王是否出台和是否被工蜂接受。及时淘汰死王台和质量不好的新王，然后给交尾群补入备用的成熟王台；在王台诱入的第 8 到 10 日进行第二次检查，主要检查蜂王的损失情况和交尾情况，对于交尾失败的蜂王也及时补入成熟王台。

2. 越夏

通过春繁，进入夏初时蜂群发展为周年性巅峰状态，但随着气温逐步上升、敌害活动猖狂、饲料消耗增大、繁殖与生产等矛盾突出，该阶段中合理控制群势、科学管理是重点。特别是夏末秋初是我国南方各地周年养蜂最困难的阶段，越夏后蜂群的群势普遍下降约50%。

（1）目的

为了秋繁蜂群的恢复和发展打下扎实基础，通过减少蜂群消耗和出勤，达到保持蜂群高温阶段合理群势的要求。

（2）影响因素

蜜粉源枯竭、胡峰猖獗、蜂王产卵减少、巢温过高等诸多因素导致蜂群群势迅速下降，江浙一带一般在冬青树蜜源后进入越夏，也就是6月中开始，至中秋前后结束。

（3）越夏措施

① 场地选择。选择敌害较少、有一定蜜粉源和良好水源的场地进行蜂群越夏。

② 通风遮阴。越夏阶段，一般温度超过30℃后，切忌将蜂箱直接置于阳光下暴晒。蜂箱应放置在相对通风、阴凉开阔、排水良好的地面，可选择有树木遮阴或人工搭盖凉棚遮阴等方式。

③ 降温增湿。蜜蜂通过水分蒸发吸收热量的方式进行降温，近距离的干净水源是越夏阶段必不可少的措施。高温持续阶段，合理的人工干涉物理降温也是可取的措施，一般是在蜂箱周围、箱壁洒水。

④ 防止盗蜂。由于该阶段外界蜜粉源缺少、贮蜜易挥发气味等原因，极易引起盗蜂的发生，必须在该阶段严防盗蜂的发生。

（4）越夏管理

① 饲料。越夏阶段，外界粉源相对充足，蜜源缺少，合理的补充糖类饲料，是该阶段主要工作。为避免盗蜂等行为发生，在饲喂糖类饲料同时，科学管理是关键。最好的饲喂方式则是提前预备封盖糖脾，发现蜂群缺饲料，直接补脾饲喂，可大大防止盗蜂和降低工蜂工作量。

② 蜂王。淘汰劣质蜂王，更换健康新蜂王，是穿插周年性养蜂中重复性很高的工作步骤，为了越夏后秋繁正常恢复和发展，应在越夏阶段前，培育一批优质蜂王，并按蜂群总数，储备一定比例的老蜂王备用，防止越夏阶段蜂群

失王用。

③ 群势。在南方地区，该阶段，一般单王群群势控制在 3～4 脾；双王群，控制在 3 脾。如果当地该阶段有合适蜜粉源，则可以组成 6～7 脾的群势进行饲养。

④ 蜂螨。经过 2 个多月的繁殖，意蜂的蜂螨寄生率达到高峰，合理的除螨工作是重中之重，特别是小螨在越夏阶段呈现爆发式发展，该阶段在南方地区通常使用关王断子除螨方式进行彻底性防治。

3. 秋繁

北方地区的最佳秋繁时间在立秋前后，而南方地区则在中秋前后。蜜蜂秋繁宜早不宜迟，在秋繁期间还要坚持奖励饲喂，到了繁末期要关王断子，以保存蜂群的越冬实力。利用秋繁可快速恢复蜂群的群势，可促使蜂群培育出大量的适龄越冬蜂，可确保蜂群越冬后仍有足够的群势春繁。蜜蜂秋繁期间要确保蜂多余脾，严防病虫害。蜜蜂秋繁的开始时间因各地气候不同而有差异，但一般多在秋季最后一个盛花期进行且北方要早于南方，北方秋季蜜源一般有苕条、荞麦、向日葵等，这些蜜源的花期一般在 8 月上旬至 9 月上旬，因此北方蜜蜂秋繁的开始时间一般在 8 月上旬，而南方秋季蜜源花期比北方要晚，大致秋繁时间要到 9 月上旬才开始。

（1）目的

利用秋繁能够迅速恢复蜂群度夏时被减弱的群势，促进蜂群迅速培育出大量适龄的越冬蜂，确保蜂群越冬后有足够的群势春繁。

（2）影响因素

主要问题集中在螨虫防治，以及外界蜜粉源逐步减少引起的盗蜂等行为。随着温度缓慢降低，对蜂群的保温环节也会对其产生影响。

（3）秋繁要点

① 调整巢脾。蜜蜂在秋繁的时候要确保蜂多于脾，所以秋繁开始的时候要取出蜂箱中多余的巢脾，秋繁的时候根据蜂群的势头适量添加巢脾，任何时候蜂群长期蜂少于脾群势都必然会垮。

② 检查饲喂。全部蜂群检查一次。蜂王是否正常。如有失王应合并，有育王条件的则育王。检查是否缺蜜，度夏过后基本都缺蜜，首当其冲的就是喂

糖。奖励饲喂可以促进蜂群快速繁殖，因为蜂群会根据蜜源的多少繁殖新蜂，奖励饲喂可以给蜂群带来蜜源丰富且易于采集的错觉，但奖励饲喂的饲料必须严格消毒。

③ 蜂群合并。蜂群的合并就是把 2 个或 2 个以上的蜂群合并为 1 群的养蜂操作技术。蜂群合并是养蜂生产中常用的管理措施。早春合并弱群，可加强巢内保温和哺育幼虫的能力，加快蜜蜂群势增长的速度；晚秋合并弱群，可保障蜂群安全越冬；在流蜜期后合并弱群，有助于预防盗蜂发生。在蜜蜂饲养管理中，蜂群丢失蜂王而又无法补充储备蜂王或成熟王台时，也需要将无王群并入其他有王群。

④ 严防病害。蜜蜂秋繁期是病虫害多发期，必须做好病害预防工作。

4. 越冬

冬季管理是蜂群能否安全越冬以及来年群势强弱的关键，越冬不好，势必引起冬后的春衰，直接影响到来年蜂群的繁殖和产蜜量，影响蜂农的经济收入。无论是南方室外还是北方的室内越冬管理，蜜蜂中还是新蜂的御寒能力最强。因此，在冬季来临时应该让蜂王多多繁育孵化新的蜜蜂。有数据表明：新蜂的寿命最长能延续到明年的春天。还有就是提前给蜜蜂准备好越冬的食物，尤其是质地优良的封盖蜜脾。如果有 8 框蜜蜂，那么最少能准备 5～6 框的封盖蜜脾。也可以用好的糖浆饲喂，饲喂蜜蜂的时候，砂糖与水的比例最好做到1：1。在秋季流蜜期中，也可以采取分蜂、育王和换王等方法，尽量保证优良的蜂王。

（1）目的

利用秋繁培育大量健壮、保持生理青春的适龄蜂和贮存充足优质的越冬饲料，为蜜蜂安全越冬创造必要条件。

（2）影响因素

主要是气温和蜂螨，低温会让蜜蜂进入短期冬眠，不进食，但为了维持蜂群温度而消耗封盖蜜，必须在低温来临前贮存充足越冬饲料。越冬阶段前，如蜂螨防治不彻底，则 2～3 个月的越冬期会让蜂群逐渐衰弱和死亡。

（3）越冬要点

① 越冬饲料。越冬饲料一定要备足，可备一些优质而不结晶的饲料，并

加一些防病药物。一般以成熟蜜或纯净白糖做越冬的饲料，以蜜作为冬料时，要保持干净，严防油类等混入，将 50kg 蜜和 3～4L 水勾兑，放入锅内加温至 70℃，持续半小时，溶解结晶即可；以白糖做冬料，先将大约 30L 的水加热至 100℃，再放入 50kg 的白糖，待糖全部溶化，再加热到 100℃，取出冷却后即可。

② 保温。保温工作是非常重要的，一般来说，在蜂箱的外面稍微盖一些草，这能够很好地起到保温的效果。另外，上面可以铺一些报纸，这可以很好地吸收水分。北方的一些地方，蜂箱的里外都是要做好保暖的。

③ 提前检查。天气还是非常冷的，在蜂箱里面也是要注意保暖，而且即使到了春天也不能忽视，有的时候春天也会突然来一个寒潮，气温降低也是很常见，如果气温变化太大的话，蜜蜂就容易出现死亡。等温度到达了十多度，而且比较稳定的时候，就可以开始对蜂群进行检查了，比如说里面的蜜蜂是不是充足，还有多少蜜粉剩余之类的。

④ 调整群势。蜜蜂进入越冬期前必须立即调整群势。其中群势特别强的蜂群可抽调部分工蜂到弱群中，而群势太弱的蜂群则要补入工蜂或直接合并到其他蜂群中，同时还要将蜂箱中的废旧巢脾全部都提出来，只给蜂群留下足以支撑到翌年春季的蜜脾。

蜂群

⑤ 定期检查。蜜蜂越冬必须定期检查蜂群越冬状态。例如，蜂巢中储蜜不足时要在晴朗天气里紧急补足饲料，同时每隔 10～15d 要及时清理蜂箱中的死蜂和蜡屑，另外越冬期还要注意检查蜂王的状态，若意外失王则要及时介入新王或合并到其他蜂群中。

⑥ 病害防治。蜜蜂越冬病害比其他季节少得多，但发现大量工蜂异常死亡时，要提高警惕。此时，首先要检查蜂群是否有挨饿受冻的情况，根据死蜂的特征找出病因，及时处理。此外，冬天也是预防巢虫（中蜂）和蜂螨（意蜂）等敌害的有利时机。

第二节 人工育王技术

蜂王的遗传性及产卵力对于蜂群的品质、群势、生活力和生产力有很大的影响。人工育王能够按计划要求的数量和时期培育蜂王，可以选用种群的一定日龄的幼虫或者卵来培育，能与良种繁育工作相结合，可为蜂王的胚胎发育创造最适宜的条件。蜜蜂的人工育王要素：时间和条件，准备工作，移虫育王的工具，移虫方法，移虫后的管理，利用大卵培育蜂王，裁脾育王，交替王台的利用。

一、时间和条件

蜂群在当年新老蜂完全替换以后，进入蜂群发展壮大阶段，即可准备人工育王，一般要求白天气温基本稳定在 15℃以上，外界有少量粉源。比如上海地区第一批移虫育王一般选择在 3 月 15 日左右进行，王台成熟在 3 月 25 日，处女王婚飞在 4 月初，交尾成功基本集中在 4 月 10 日以前。

二、选择母群

通过历年观察，选择分蜂性弱、群势发展快的健壮无病的蜂群作为移虫母群。原则上父群也要专门培育雄蜂，但实际生产中，只有专业育王场有条件开展。

三、准备育王群

育王群是用来哺育蜂王幼虫和蛹的强壮蜂群。应选择无病、无蜂螨，群势强壮，至少有 15 框蜂以上的蜂群作育王群。在移虫育王前 1 日把其蜂王和全部带蜂未封盖子脾提入新蜂箱，放在原群旁；原群有 6～8 个脾（包括封盖子脾和蜜脾、粉脾）组成无王的育王群，做到蜜蜂密集，多的巢脾抖落蜜蜂，加到分出的有王群。对育王群每晚饲喂 0.5～1kg 糖浆。也可以用有 18～20 框蜂加继箱的有老蜂王的蜂群作育王群，在巢箱和继箱之间加上隔王板，把蜂王限制在巢箱内产卵，继箱中央放 1 框小幼虫脾，一侧放一花粉脾，其余放封盖子脾，外侧放蜜脾。有王群比无王群对移植幼虫的接受率高，但是对于封盖王台照护得较好。

四、育王设备

移虫育王的工具有移虫针、育王框、蜡碗等。移虫针是将小幼虫移植到王台碗内的工具，可用粗铜丝或者鹅毛管自制，一头呈扁薄的尖舌状，另一头呈弯匙状。带弹簧的移虫针使用方便。育王框是安放王台的框子。可用标准巢框改制，其上下框梁和侧板的宽度相等，为 13mm 左右。框内等距离地横着安装 3 条宽 10mm 的板条。蜡碗棒是蘸制蜡碗的木棒，长 100mm，蘸蜡碗的一端十分圆滑，距端部 10mm 处直径 8～9mm。

五、移虫方法

在育王框的板条上粘上 2 ~ 3 层巢础条或者按相等距离用熔蜡粘上小三角形薄铁片，其上粘 7 ~ 10 个蜡碗，3 条共 20 ~ 30 个蜡碗。放入育王群中，让蜜蜂清理 2 ~ 3h，取出，用蜂扫扫去蜜蜂，在每个蜡碗内滴上 1 滴稀释的蜂王浆或者蜂蜜，即可进行移虫。最好在清洁、明亮的室内移虫，室内温度保持在 25 ~ 30℃，相对湿度 80% ~ 90%。气温在 25℃以上且没有盗蜂时，可在室外的阴处移虫。从母群提出 1 框小幼虫脾，扫净蜜蜂拿去移虫。先把粘有蜡碗的板条并排放在桌上，用清洁的圆头细玻璃棒或者细竹棒，在经过蜜蜂清理的蜡碗里滴上米粒大小的稀蜂王浆，然后移虫。移虫要从幼虫的背部（凸面）一侧下针，把针尖插入幼虫和房底之间，将幼虫挑起，放在蜡碗里的蜂王浆上。

六、挑选合格王台

育王群中加入移虫的育王框后，连续在傍晚奖励饲喂。第 2 日检查幼虫是否被接受。已被接受的幼虫，其王台加高，王台中的蜂王浆增多，幼虫浮在蜂王浆上；未被接受的，其王台被咬坏，王台中没有幼虫。如果用无王群育王，这时把育王框转移到有王育王群的继箱中，同时把无王育王群与原群合并。如用有王育王群育王，第 6 日王台已经封盖时检查封盖王台情况，淘汰小的、歪斜的王台。统计可用王台的数量，以便组织需要数量的交尾群。

第三节 / 分蜂管理措施

分蜂是根据蜜蜂的生物学习性，有计划有目的地在适宜的时候增加蜂群数量，扩大生产和避免自然分蜂造成损失的一项有效措施，具体做法是从 1 个或几个蜂群中抽出部分蜜蜂和子脾，导入 1 只蜂王或成熟王台，组成 1 个新蜂群，即人工分蜂，人工分蜂的原则是有助于蜂群繁殖，不影响生产，即分蜂提出的子脾要有助于解除大群的分蜂热，分出群在 1 个月后要有生产能力或越冬能力。

以分蜂扩大规模的蜂场，应早养王、早分蜂。人工分蜂的时间，上海在采过刺槐蜜后即可及时分蜂，或在油菜蜜源花期，结合换王进行分蜂，分蜂之前要培育蜂王。

一、分蜂时间

一般情况下，长江以南地区，在每年的春季和秋季分别分蜂 1 次，而长江以北地区，每年只分蜂 1 次。上海地区，一年分蜂 2 次。

春分前后是长江以南地区分蜂期。如上海地区，该阶段回温速度相对较快，适合蜜蜂生活，蜜源也比较充足，在此时第 1 批王台已经成熟，可以进行分蜂工作。

清明前后是我国大部分地区的分蜂高峰期，此时外界的蜜源丰富，并且蜂群的群势也已经到了瓶颈期。如上海地区，该阶段第 2 批或第 3 批王台已成熟，故此阶段为主要分蜂期，意蜂群势普遍达到 8 脾以上，分蜂情绪强烈，春分阶段的王台在该阶段正好可用于分蜂。

谷雨前后是长江以北地区蜜蜂的分蜂高峰期。中秋前后，也是蜜蜂自然分蜂的一个高峰期，此时蜂群从夏天的炎热天气中逐渐恢复过来，并且外界的蜜源较为丰富且容易采集。如上海地区，中秋后属于秋繁的开始，为后续越冬蜂做准备。

二、分蜂征兆

分蜂是蜂群的主要繁殖活动，分蜂前，蜂王和工蜂在生理和行为上都发生变化。具体观察以下几点。

1. 工蜂阻碍蜂王产卵

出现工蜂侍从蜂王行为的减少，有些工蜂追逐蜂王，把蜂王追逐到产卵圈之外，使蜂王难以产卵，因而常把卵产在巢脾上，或挂在尾部，蜂王产卵量一般下降 50% 以上。

2. 青年工蜂怠工

许多青年蜂吸饱后停留在巢脾上沿。若取这类工蜂，用解剖镜检查，能发现卵小管具有不同程度地发育。由于青年工蜂怠工，蜂群采集活动减少。

3. 工蜂建造王台

王台根据建造目的分为分蜂王台，交替王台，急造王台，其中出现分蜂王台，是蜂群发生自然分蜂最显著的征兆。在幼虫巢脾下部，工蜂建造 5 ~ 10 个王台。

4. 蜂王腹部缩小

蜂王停止产卵，并且腹部收缩，行动变得十分敏捷，说明蜂群快要分蜂了。

三、分蜂方法

1. 强群平分法

先将原群蜜蜂向后移出 1m，取出 2 个形状和颜色一样的蜂箱，放置在原群巢门的左右，两箱之间留 0.3m 的空隙，两箱的高低和巢门方向与原群相同，然后把原群内的蜂、卵、虫、蛹和蜜粉脾分为相同的 2 份，分别放入两箱内，一群用原来的蜂王，另一群在 24 小时后诱入产卵蜂王。分蜂后，外勤蜂飞回找不到原箱时，会分别投入两箱内；如果蜜蜂有偏集现象，可将蜂多的一群移远点，或将蜂少的一群向中间移近一点。

2. 强群偏分法

从强群中抽出带蜂和子的巢脾 3、4 张组成小群，如果不带王，则介绍 1 个成熟王台，成为 1 个交配群。如果小群带老王，则给原群介绍 1 只产卵新王或成熟王台。分出群与原群组成主、副群饲养，通过子、蜂的调整，进行群势的转换，以达到预防自然分蜂和提高产值的目的。新分群的蜜蜂应以幼蜂为主，群势以 3 脾足蜂为宜，保证饲料充足，第二天介绍给产卵蜂王或成熟王台，王台安装在中间脾的两下角处或脾下缘。

3. 多群分一群

选择晴朗天气，在蜜蜂出巢采集高峰时候，分别从超过 10 框蜂和 7 框子脾的蜂群中，各抽出 1~2 张带幼蜂的子脾，合并到 1 只空箱中。次日将巢脾并拢，调整蜂路，介绍蜂王，即成为一个新蜂群。这个方法多用于大流蜜期较近时分蜂。因为是从若干个强群中提蜂、子组织新分群，故不影响原群的繁殖，并有助于预防分蜂热的发生，在主要流蜜期到来时新分群还能壮大起来，达到分蜂促进繁殖和增收的目的。

4. 双王群分蜂

在距主要蜜源开花较近时，按偏分法进行，仅提出两脾带蜂带王、有一定饲料的子脾作为新分群，原箱不动变成 1 个强群。距离主要蜜源开花 50 日左右，采取平分法。

四、组建授粉蜂群

授粉蜂群应选用生命力旺盛、能维持强群不易分蜂，产卵力强的优质蜂王。最好用上年秋季培育的新蜂王，或者用当年春季培养的新蜂王，组建适龄授粉蜂群。在授粉作物初花期前 50d 左右，即着手培育适龄授粉蜂。因工蜂由卵到出房 21d，出房后 14d 才开始进行采集工作，20d 后，其采集力才充分发挥，成为采集花蜜、花粉的主力军。授粉蜂群要提前预防病虫害，保证授粉蜂群无病。对于制种作物，在蜂群进入温室之前，应先隔离蜂群 2~3d，让蜜蜂清除体上的外来花粉，避免引起作物杂交。授粉蜂群大小由温室面积决定。为设施瓜果蔬菜类授粉，对于面积为 500~700m² 的普通日光温室，一个标准授粉群（3 脾蜂 / 群）即可满足授粉需要；对于面积较小的温室，则应适当减少蜜蜂数量授粉蜂群，群势可以减到 2 脾蜂，群势不能太小，否则蜜蜂难以正常发育，从而影响授粉效率。对于大型连栋温室，则按一个标准授粉群承担 600m² 的面积配置。为设施果树类授粉，对于面积为 500~700m² 的普通日光温室，根据树龄大小和开花多少，每个温室配置 2~3 个标准授粉群。对于大型连栋温室，则按一个标准授粉群承担 500m² 的面积配置。

五、分蜂注意事项

1. 分蜂前期

蜂群分蜂在分蜂前期要准备好蜂箱和观察天气情况准备分蜂，蜂群分蜂宜在天气暖和、外界蜜源充足的时候进行。因为分蜂是要把一群蜜蜂分开的，一群蜜蜂里面只有一个蜂王，那么肯定就要有一箱蜜蜂是没有蜂王的，没有蜂王的那一群蜜蜂就要急造王台来培育，而造王是要蜜蜂分泌王浆来饲喂的，如果有蜜源蜜蜂就能够分泌足够的王浆来育新蜂王，这样育出的蜂王才会强壮。到蜂王出来以后还要出箱与雄蜂进行交尾才能正常产卵，才能迅速把蜂群发展壮大起来，选择好天气就是为了让蜂王能顺利的交尾成功，而且好的天气蜜蜂才能够出去采集更多的花蜜，才能分泌足够的蜂王浆供蜂王食用。

2. 分蜂中期

蜂群分蜂到了分蜂中期进行操作，准备好蜂箱后，就要看一下蜂巢的情况，观察蜂巢上面是否有多幼虫、虫卵和蜂蜜的，这种蜂巢分给没有蜂王的蜜蜂。

（1）虫卵

蜜蜂急造蜂王是要用不超过三天的幼虫卵去造的，这样才可以保证造出来的新蜂王质量好。因为蜂王产卵以后所有的虫卵前三天全部都是喂王浆的，三天以后才会喂食花粉和蜂蜜，而吃过花粉和蜂蜜的虫卵是不能够成为蜂王的。

（2）幼虫

没有蜂王的蜂群是不可能有新的虫卵的，所以就要多给它一些幼虫，这样这群蜜蜂才能够有新蜂出房补充这个蜂群。新蜂王开始产卵间隔时间过长容易造成蜂群的死亡。

（3）蜂蜜

一群蜜蜂有幼虫就有新蜂出来，就会要消耗大量的蜂蜜，而且蜜蜂分泌王浆是取不了像以前那么多蜜的，所以要留足够的蜂蜜供蜜蜂吃。

3. 分蜂后期

蜂群分蜂到了分蜂后期，用两个箱子将这群蜜蜂分开以后，就并排摆在同一个地方，过两天再去观察它们的蜂量，看看哪边的蜜蜂会多一点，再将多的那一箱蜜蜂慢慢地移走。移走之后还要留意一下没有蜂王的那一箱蜜蜂，看看是否有起王台了，过 30 天左右看看它是否有虫卵了，如果 30 天都没有虫卵就说明这一箱蜜蜂造新王失败，应及时介入蜂王或王台，一直等到新蜂王开始产卵了，这样蜂群才算是分蜂成功。

六、分群出现分蜂趋势（热）管理措施

蜂群在将要分蜂时出现的"情绪"或异常情况叫做分蜂趋势（热）。蜂群一旦产生分蜂趋势（热）后，蜂王产卵量显著下降，甚至停工、怠工。在蜂群发展到后期（幼蜂积累阶段），适时进行人工育王，在主要流蜜期来前换上新王产卵，再结合相应的管理措施，不但能提高产量，而且换王后的蜂群，当年内不易发生分蜂。

1. 预防分蜂趋势（热）

（1）养王

早春及时育王，更换老王。平常保持蜂场有 3 ~ 5 个养王群，及时更换劣质蜂王。在炎热地区，采取每群蜂每年换 2 次蜂王的措施，有助于维持强群，提高产量。

（2）繁殖期适当控制群势

在蜂群发展阶段，群势大不利于发挥工蜂的哺育力，而且容易分蜂，所以，应抽调大群的封盖子脾补助弱群，若群的小子脾调给强群，这样可使全场蜂群同步扩大。

（3）积极生产

及时取出成熟蜂蜜，进行王浆、花粉的生产和造脾，加重工蜂的工作负担，可有效地抑制分蜂。

（4）扩巢遮阳

随着蜂群长大，要适时加脾、上继箱和扩大巢门，有些地区或季节蜂箱巢门可朝北开，将蜂群置于通风的树林下降温。

2. 解除分蜂趋势（热）

（1）更换蜂王方法

仔细检查已产生分蜂热的蜂群，清除所有王台后把该群搬离原址，在原位置放1个装满空脾的巢箱，从原群中提出带蜂不带王的所有封盖子脾放在继箱中，加到放满空脾的巢箱上，诱入1只新蜂王或成熟王台。再在这个继箱上盖副盖上加1个继箱，另开巢门，把原群蜂王和余下的蜜蜂、巢脾放入，在老蜂王产卵一段时间后，杀死老蜂王，撤回副盖合并。

（2）互换箱位

在外勤蜂大量出巢之后，把有新蜂王的小群用王笼诱入法先将蜂王保护起来，再把该群与有分蜂执的蜂群互换箱位；第二天，检查蜂群，清除有分蜂执蜂群的干台，给小群调入适量空脾或分蜂热群内的封盖子脾，使之成为一个生产蜂群。

第四节 / 蜜蜂饲喂

一、蜜蜂的营养

蜜蜂是一种完全变态的昆虫，它们的生长繁殖需要糖类物质、蛋白质、脂肪、矿物质、维生素和水等，蜜蜂的营养对饲养强群夺高产、防止蜜蜂病敌害至关重要。蜂群无论在生产期还是休整期，都要保持充足的食物来源和良好的营养素配比，蜂群一旦出现食物不足或营养素比例失调便会出现个体发育不良、寿命缩短、采集力下降等现象，最终导致蜂群的生产力和抗逆性下降直至蜂群衰败，蜜蜂生命活动需要的营养素都有其独特的生理作用，任何营养素的缺失都会不同程度地影响蜂群的群势和生产力。

1. 糖类物质

糖类物质的主要作用就是为蜜蜂的生命活动提供能量。自然条件下，成年蜜蜂所需要的糖类物质是由花蜜提供的。花蜜中糖的含量为 40% ~ 60%，这取决于蜜源植物的种类、环境的温湿度及降雨量等。植物花朵所分泌的花蜜主要成分是双糖，不能被蜜蜂直接使用的，必须经过工蜂的加工酿制，即将双糖转化成葡萄糖、果糖这样的单糖才能被蜜蜂个体直接吸收。

蜂群产生 1g 蜂蜡，需要消耗约 4.4g 糖。工蜂在飞行中平均每小时消耗糖 10mg，雄蜂需要的糖量则是工蜂的 3 倍。工蜂在酿蜜过程中需要消耗 100g 糖才能蒸发花蜜中 450g 水。蜜蜂血糖的主要成分是葡萄糖和海藻糖，当血糖量低于 0.1% 时便不能飞行；低于 0.5% 时不能爬行。食物中的含糖量多少还直接刺激蜜蜂幼虫的食量变化，进而影响到蜜蜂个体的级型分化。工蜂和雄蜂小龄幼虫的食物中主要的糖是葡萄糖，大龄幼虫食物中主要的糖是果糖；而蜂王幼虫在整个发育期均是以葡萄糖作为食物的主要成分，所以在大量人工育王时，可以适当增加葡萄糖的人工饲喂量。

花蜜被蜜蜂酿成蜂蜜后，其中的蔗糖转化成葡萄糖和果糖，作为它们的储备饲料。一群蜂为维持生命活动和正常发展，一年需要消耗 50 ~ 70kg 蜂蜜。相比于其他糖，蜜蜂偏爱蔗糖和转化糖，糖原和海藻糖是蜜蜂体内的储备能源物，当需要时可以经过转化分解成葡萄糖进行利用，这样就节省了对花粉中蛋白质和脂肪的利用，可以弥补在花粉相对不足的情况下越冬的需要。

2. 蛋白质

蛋白质是维持生命不可或缺的物质。生物体组织、器官由细胞组成，细胞结构的主要成分是蛋白质。蜜蜂幼虫的生长发育、蜂王产卵、工蜂腺体的发育和机能的行使，都不能缺少蛋白质。蜜蜂主要从花粉中获取蛋白质，花粉中的蛋白质至少含有 18 种氨基酸，其中精氨酸、组氨酸、亮氨酸、异亮氨酸、赖氨酸、蛋氨酸、苯丙氨酸、苏氨酸、色氨酸、缬氨酸 10 种氨基酸为蜜蜂必需氨基酸。

食物中缺少了蛋白质，幼虫死亡，幼蜂发育不良而失去利用价值，蜂王因不能得到充足的蜂王浆而产卵率下降或停产，工蜂不能正常泌浆、泌蜡等。蛋白质为蜜蜂腺体发育和分泌含氮的化合物提供原料，蜂王浆、蜂毒均为含氮的蜜蜂腺体分泌物，并且蜡腺的发育需要充足的蛋白质。蜜蜂的血淋巴、脂肪体、胸肌、卵巢等组织都有蛋白质贮备，这些贮备的蛋白质可以根据需要转移到急需的组织中。早春经过越冬的蜜蜂把体内储存的蛋白质转移到王浆腺中，生成蜂王浆。如果此时蜂群缺乏蛋白质饲料，必然影响王浆的生成和分泌。

不同品种的蜜源花粉其营养价值的高低也各不相同，蛋白质含量较多的蜂花粉能使蜂群培育较多数量的幼虫，并可延长工蜂的寿命。蛋白质的利用实际上是蜂花粉利用的体现，培养一只工蜂，从幼虫到羽化约需要3.21mg的氮，相当于145g的花粉。在正常条件下，蜜蜂不直接使用新鲜花粉团，如果只饲喂蜂群花粉团其发育变延缓。

3. 脂肪

蜜蜂体内的脂肪含有较多的不饱和脂肪酸，对幼虫生长发育、羽化以及供应能量等均有很大的作用。脂肪是一种高能物质，可作热量和能量的来源，由于脂肪含碳和氢比例大，在氧化时，释放的热量或能量是同重量的碳水化合物或蛋白质的2.25倍左右。食物中的脂肪被蜜蜂消化后，可代谢产热。但是一般情况下脂肪是被蜜蜂贮存起来以备饥饿时利用，蜜蜂的日常活动不以脂肪作为能源物质的。脂类物质的另一个作用是构成机体的主要成分，对蜜蜂身体起到支撑、保护和御寒的作用。脂肪物质对蜜蜂的其他作用还包括为蜜蜂提供机体所不能合成的必需脂肪酸，脂肪可作为部分可溶解性维生素的载体，若缺乏载体脂肪，蜜蜂会出现相应的维生素缺乏症；另外，像蜜蜂饲料中添加脂肪类物质可以增加食物的适口性，刺激蜜蜂取食。

蜜蜂生理代谢和生长发育所需的脂类营养主要来自两个方面：蜜蜂取食的花粉和由糖类或蛋白质在体内转化形成。蜜蜂体内的脂肪主要来源于花粉，花粉中脂肪类物质的含量为1%~2%，平均占花粉干重的4%~6%，花粉的脂肪含量与植物的种类有关，同种粉源的花粉，产地不同脂肪含量也有差别。

4. 矿物质

矿物质饲料是指无机盐饲料添加剂。矿物质是生物体主要组成物质，其中碳、氢、氧、氮、钙、磷、钾、钠、氯、镁、硫等物质占总量的99%以上，其他为微量元素，由于这些元素在有机体内多呈离子形式存在，也被称为无机盐。这些矿物质元素对机体具有特殊的作用，任何一种元素的缺乏都会引起蜜蜂个体或群体的非正常反应甚至疾病。

蜜蜂躯体含有主要元素是磷、钾、钠、镁、钙和铁。蜜蜂所需要的无机盐类物质主要来源于花粉、花蜜和水，其中花粉中含有矿物质 2.9% ~ 8.3%，基本可满足蜜蜂对矿物质的需要。蜜蜂饲料中如果含有过多的矿物质则对蜜蜂有害，比如在蔗糖浆中盐（氯化钠）的含量超过 1% 时，蜜蜂也不吃；甘露蜜中存在的部分矿物质对蜜蜂有害，可使蜜蜂寿命缩短。

5. 维生素

维生素是动物有效利用食物营养和维持生长、发育、繁殖等生命活动不可缺少的微量营养素。维生素可以促进酶的活力或作为辅酶成分之一，参与动物体内物质的新陈代谢，各种维生素都具有特殊的功能，不能相互之间替代。例如维生素 A 主要发现存在于蜜蜂的头部，与蜜蜂的视觉有关；维生素 D 的主要功能是调节钙、磷比例，以增进蜂体对钙、磷的吸收和利用；维生素 E 参与核酸的代谢，调节蛋白质，碳水化合物及脂肪的代谢。

维生素分为水溶性维生素和脂溶性维生素，其中水溶性维生素是蜜蜂生长发育所必需的营养素。花粉中有 7 种 B 族维生素，即生物素、叶酸、烟酸、泛酸、吡哆醇、核黄素和硫胺素；此外还有丰富的维生素 C（抗坏血酸）和肌醇，其中多数为水溶性维生素。因此，天然的花粉就能满足蜜蜂对维生素的需要。

二、蜜蜂的饲料

蜂群饲喂是维持和发展蜂群所采取的一种重要措施。当外界蜜粉源缺乏、场内花粉储存不足；蜂群快速繁殖，哺乳蜂数量大量增加，蛋白质营养不足时；培育越冬蜂；蜂群罹患疾病，采集力下降，群内饲料不够时，我们都需要给蜂群饲喂配合饲料，这样不但能解决蜂群所需，而且可以降低成本。

1. 糖类饲料

糖是蜂群最主要的饲料，蜂群缺乏糖饲料会影响蜂群正常发展，甚至使蜂群难以生存，用来饲喂蜂群的糖饲料主要是蜂蜜和蔗糖配置的糖浆。研究表明，蜂蜜和蔗糖利于蜜蜂肠组织发育，可以提高越冬蜜蜂肠道有益菌的相对丰度，且提高肠道抗氧化基因的表达，故缺粉少蜜期可通过对蜂群进行蜂蜜水或蔗糖水的饲喂补充蜂群的基本能量需要。果葡糖浆相比于蜂蜜和蔗糖，有易于保存、方便饲喂、价格低廉等优点，因此果葡糖浆被普遍用于饲喂蜂群。但因饲喂果葡糖浆越冬的蜂群成活率明显低于饲喂蔗糖水和蜂蜜水的蜂群，所以果葡糖浆不宜作为蜜蜂的越冬饲料。

2. 蛋白质饲料

蛋白质饲料主要以花粉为主，幼蜂的发育和幼虫的生长离不开花粉。在蜂群繁殖期，如果外界粉源缺乏，就必须给蜂群补充花粉或其他蛋白饲料。蛋白饲料在其配置过程中应严格掌握饲料中各成分的含量及比例，否则容易造成蜜蜂的营养不良或过剩，导致蜂群各种不良症状产生。传统蛋白饲料是以富含蛋白质的物质为主要原料，配以其他促进蜜蜂取食的添加物而制成的蜜蜂饲料。传统的饲料蛋白源是大豆，大豆富含优质的植物蛋白，可以提供丰富的蛋白营养，但是大豆中的抗营养因子在一定程度上会影响蜂群的发育，因此实际生产中常使用抗营养因子被降低、更好消化吸收的发酵豆粕作为蛋白饲料的主要成分。随着饲料工业发展，鱼粉蛋白、小麦胚芽蛋白等越来越多的蛋白原料被应用于养蜂业。

3. 无机盐饲料

为了使蜜蜂营养均衡，需要合理添加矿物质等物质。无机盐是构成和更新机体组织、维持体内酶的活动、神经传导、血淋巴调节、维持体内渗透压等多种生理活动的重要物质。蜜蜂缺乏无机盐会减轻体重、缩短寿命，以无机盐饲料为食基本能满足蜂群对无机盐的需要。蜜蜂幼虫需要最多的是钾和镁，其次是钠和钙，再就是铁、铜、锌、磷。由于经济原因和生产需要，养蜂者通常在饲料中添加食盐。

4. 其他

为了使蜜蜂营养均衡，达到较好的诱食效果，需要合理添加提高蜜蜂饲料品质的物质。比如蜜蜂饲料中添加茴香油、小茴香油、春黄菊油、人造蜜精，既经济有效，又能提高它们对蜜蜂的吸引力；用富含维生素 E 的糖浆饲喂蜂群能显著提高工蜂王浆腺的发育，且延长发育盛期；用酪蛋白饲养笼养蜜蜂，可提高蜜蜂的存活率。

三、蜜蜂饲料的饲喂技术

1. 糖饲料的饲喂

糖饲料的饲喂根据蜂群的日常管理，可以分为补助饲喂、奖励饲喂、蜂王运输饲喂。

（1）补助饲喂

补助饲喂就是在外界蜜粉源缺乏而蜂群中饲料不足的情况下，为保证蜂群的正常生活，在短时间内喂给蜂群大量优质蜜汁和蔗糖液。辅助饲喂的时间一般是在大流蜜期过后、越夏、春季繁殖和冬季越冬前进行，其主要的饲喂方法为优质成熟的蜂蜜 3 ~ 4 份或优质白糖 2 份，兑水 1 份，充分溶解搅拌均匀于傍晚喂给蜜蜂。

补助饲喂时的注意事项：在南方蜂群的越夏阶段，须控制蜂王产卵和工蜂的出巢活动，补助饲喂要在较短时间内完成，避免出现奖励饲喂的效果而刺激蜂群出巢采集。在蜜源缺乏季节，对弱群直接进行饲喂容易出现盗蜂现象，可先饲喂强群，然后抽蜜脾饲喂弱群。

（2）奖励饲喂

奖励饲喂的糖饲料浓度较补助饲喂稍稀，一般成熟蜂蜜 1 份或优质蔗糖 1 份兑水 1 份，饲喂量已够当天且不压缩蜂王产卵圈为宜。其饲喂时间在春季授粉前一周开始，秋季应于培育适龄越冬蜂阶段进行，人工育王或生产蜂王浆则要在组织好哺育群或产浆群之后就开始，每晚连续饲喂，不可无故间断。

（3）蜂王运输饲喂

蜂王运输饲喂比较简单，主要是炼糖的饲喂，配置时应加入适量的蛋白质、维生素和微量元素，糖、水、蜜的比例因使用地区大气湿度不同而不同，湿度较大地区和较干燥地区炼糖配置比例分别为 4：1：1 和 10：5：3，炼糖质地要求细腻、柔软、不流动。

2. 花粉类饲料的饲喂

（1）补充花粉脾

将储备的花粉脾直接加到蜂群中靠近子脾的外侧，或者将花粉混适量的蜂蜜，搅拌均匀，制成松散的细粉粒，然后将其撒入空巢房，并在上面喷少许蜜水，就可以加入蜂巢内。

（2）粉饼饲喂

将花粉用适量蜂蜜或糖浆（糖与水 2：1）浸泡湿润后充分搅拌，做成饼状或条状，然后放置于框梁上让蜂取食。不提倡用意蜂花粉饲喂中华蜜蜂，容易带来意蜂能抵抗而中华蜂不能抵抗的病害。

（3）花粉代用品饲喂

用花粉代用品如发酵豆粕、脱脂大豆粉等制备蜜蜂饲料的配方有很多，其主要是以蛋白质为主，适当加入添加剂，以刺激蜜蜂取食，防控疾病，利于消化吸收。其饲喂的方法可以采用花粉脾和花粉饼的形式，也可向花粉代用品中加入适量的水，糖分和蜜汁放入翻倒的桶中，让蜜蜂自行采集。

3. 喂水

水是蜜蜂维持生命活动不可缺少的物质，蜂体的各种新陈代谢都需要依赖水的作用，此外蜜蜂会用水来调节蜂巢内的温湿度，蜂群在育子期间，尤其是夏季，需水量较大。当外界蜜源缺乏时，大量蜜蜂就会飞往水池或者潮湿的土壤表面采水，若气温较低或者大风天蜜蜂会因采水大量死亡，所以在早春或晚秋时节，应在蜂箱内直接加水饲喂蜜蜂，同时喂水需用洁净的水源避免引起蜂病。

喂水的方法有蜂箱外饲喂和蜂箱内饲喂两种。

（1）箱外饲喂

将水放在盛水容器中，水中最好放置一些砂石或者草秆，置于与离巢门不远的地方，供蜜蜂采集饮用。

（2）箱内饲喂

方法多用于在早春或晚秋等天气寒冷的时节，将水直接加入蜂箱内的饲喂器中，并用脱脂棉一端浸入水中，另一端搭在框梁上，供蜜蜂饮用。也可将空脾灌满净水放在隔板外侧，供蜜蜂饮用。喂水时要注意用水清洁卫生，尤其是箱内喂水要少喂勤喂，防止变质。

4. 喂盐

由于蜂蜜中含有钙、钾、钠、镁、硫等多种元素，以蜂蜜为糖饲料进行饲喂蜂群时，基本上能满足蜜蜂对矿物质的需要，而以糖饲料饲喂蜂群就需要添加适量的矿物质元素。

喂盐一般采用粗海盐，饲喂方法有两种：结合糖饲料和结合水饲喂。喂水时可在净水中加入 0.5% 的粗海盐，或将盐袋放在饲喂器的漂板上。饲喂糖饲料时，在 1 000mL 60% 的糖液中加入 500mg 粗海盐，同时也可以向糖液中加入维生素 C、维生素 B 或少量胡萝卜汁等，以弥补糖饲料中缺乏的维生素物质，并起到抗病预防的作用。

第五节 大田授粉蜜蜂管理

大田作物蜜蜂授粉技术，是一项提高农作物产量、省时省工、保障食品安全和改进品质，同时又可维护生态平衡的重要技术，近几年被作为一项农业增产措施在生产中应用，有很好的应用前景。蜜蜂饲养管理的一般技术前面章节已有详细介绍，本节重点展开蜜蜂授粉过程中蜂群必要的管理技术。

一、大田授粉蜂群的应用

1. 上海大田作物（需昆虫授粉作物）

主要以果树类为主，其中梨树蜜蜂授粉是上海主要需求，其他的包括桃树、橘子、蓝莓等，种植面积每个基地都相对分散，一般连片 50～100 亩为单果树基地，相对的授粉效率会比较低。

2. 大田授粉主要影响因素

（1）天气。下雨、倒春寒、高低温等都是影响蜜蜂出勤授粉的因素，也是影响花粉萌发的主要因素。

（2）蜂群管理。区别于温室授粉，大田授粉需要在蜂群群势、饲喂管理等方面进行区别对待，易会出现分蜂、飞逃、盗蜂等现象。

（3）作物用药中毒。因各类作物花期都有差异，而在坐果初期会因防治不同作物病虫害喷洒作物农药，蜜蜂采集授粉半径为3km，无法控制蜂群农药中毒。

（4）蜜源影响。蜜蜂会优先采集容易采集的蜜源，如油菜、紫云英等，再采集授粉桃、梨等辅助蜜源，所以大田作物附近如果有主要蜜源会轻度影响作物授粉效果。

3. 大田授粉蜂种推荐

意蜂强群最优，熊蜂次之，中蜂最差。

4. 大田蜂群基础配置（表3-1）

表3-1　大田蜂群配置

大田面积	蜂群参数
5亩＜面积＜10亩	意蜂1～2群（5脾以上蜂量，一般8脾）
10亩＜面积＜50亩	意蜂3～5群（5脾以上蜂量，一般8脾）
50亩＜面积＜100亩	意蜂5～8群（5脾以上蜂量，一般8脾）

5. 蜂群放置

不超过50亩的种植基地，蜂群放置位置不限，主要遵循原则是蜜蜂出勤趋光性的原则，也就是蜜蜂会优先采集授粉蜂箱放置处东、南两个方位的作物花朵，蜂箱应该放置于作物种植点的北、西角度较合适，巢门朝向为南或东，集中摆放即可。超过50亩的种植基地，蜂群放置位置一般在基地中心，但也要偏北、西方位，巢门朝向为南或东。不超过100亩的集中摆放，超过100亩的，可5箱为一个点进行摆放，方便管理。

6. 大田蜂群饲喂

（1）饲喂

浆饲为主，大田授粉原则上不会缺少蜂蜜和花粉，而且都是短期性的授粉，一般都在7～15d授粉期，奖饲基本操作是在作物盛花期箱内饲喂糖水（1∶1糖水比例以上）0.5～1kg，促进蜜蜂采集授粉行为，为防止盗蜂现象发生，建议晚上饲喂。

（2）蜂群参数

因大田授粉都是短期性授粉，所以一般都是以强群出租形式操作，蜂群配置基本是1只生产性蜂王，5脾以上蜂量，一般8脾，子脾2～3张即可，蜂群无病虫害。

7. 大田作物蜜蜂授粉观察

（1）临近蜂场

如2km内有确定蜂场，蜂场规模超过30群，则无需采购或租用蜜蜂。

（2）观察花朵

不确定周边是否有蜂场，在天气晴朗的前提下，上午8～10点，随机挑选1～3d观察花朵蜜蜂授粉情况，1min内在目光范围，花周边超过5只，则代表作物授粉基本不会出现问题。

二、大田授粉蜂群管理要点

1. 早春加强保温

因为早春蜂群弱，外界温度低变化幅度大，如果不加强保温，大部分蜜蜂为了维持巢温，而降低了出勤率，影响蜜蜂的授粉效果。首先要选好放蜂地点，把蜂群放在避风、向阳、干燥的地方。其次，做好箱内保温。把蜂团放于蜂箱正中，左右各加一块隔板，两侧塞进稻草把，根据气温及蜂群情况决定草把的多少。同时，做好箱外保温。气温低时，箱内做好保温后，进行稻草包装保温。如果单群包装，箱盖上面先纵向用一块草帘把前后壁围起，再横向用一块草帘沿两侧壁包到箱底，留出巢门，加薄膜包扎防雨保温。最后，视情况伸缩巢门。晴天午后把强群的巢门扩大到6～7cm，天寒时缩小到2～3cm，定期清理蜂箱内的蜡渣及蜜蜂排泄物。在检查蜂群时，如发现饲料糖不足，要及时奖励饲喂。

2. 选择强群

在早春为梨树、苹果树授粉时，组织强群尤其重要。这个时候的蜂群刚经过越冬期，春繁的第一批蜂刚出房，数量少，蜂群内子多蜂少，内勤蜂工作量大，负担重，能够出勤的蜜蜂数量少。只有选择强群（达6脾蜂以上），才可能保证足够的出勤率。研究表明,强群在外界温度13℃时开始采集,但弱群则要求外界温度达到16℃时才开始采集。一般春季温度比较低,变化幅度也大,因此只有强群才能保证春季作物的授粉效果。

3. 保证蜂多于脾

在早春4月中上旬,桃花、杏花、梨花、苹果花、油菜花均已开放,急需蜜蜂授粉,而此时平均气温比较低,蜜蜂活动不够多,所以对于选择强群,适应早春农业授粉的需要更为重要。早春气温较低,应做到蜂多于脾,工蜂护脾能力才能加强,蜂王产卵才能更加积极,幼虫才能得到充足的哺育,发育成健康的新蜂替换老蜂,从而保证蜂箱内的温度,提高蜜蜂的出勤率,保证授粉效果。

4. 脱收花粉

对于花粉多的植物可以采取脱收花粉的办法,提高蜜蜂采花授粉的积极性。有些植物种植面积大或者花粉特别丰富,可采取脱粉的办法。脱粉的强度,首先要保证蜂箱内饲料不受影响,但是不能让蜂群内有过多的花粉,造成粉压子的现象。当蜂群处于繁殖状况,花粉仅仅能满足蜂群需要,没有剩余时,蜜蜂采集积极性最高。

5. 调整临界点

有研究证明当外界综合因素如温度、光强度和花蜜浓度达到临界点时,蜜蜂才开始进行采集活动。处于临界点以下时,蜂群采取一些调控措施,也可为那些原先没有吸引力的果树或植物授粉。所以,可通过调整临界点,提高授粉蜜蜂群积极性。常用的调控措施有蜂群幽闭法,经过幽闭1.5d后的蜂群,被搬到新场地,在中午前后打开巢门,蜜蜂急切出巢,出巢后立即在附近的花上采集,在短时间内不加辨别地采集,采集蜂回巢内,用跳舞的方式告诉同伴,又投入到它们的采集植物区内采集,这样就完成了为目标作物授粉的目的。经过调控的蜂群到达一新的场地后,飞翔范围在100m之内。蜂群采取幽闭措施后,应加强蜂群的通风,用纱盖代替覆布,同时给纱盖喷水,保证蜂群的存活率。

第六节 设施作物授粉蜜蜂的管理

近年来，设施农业迅猛发展，其所创造的良好效益被人们所关注，其配套的蜜蜂授粉技术也随之发展。由于与植物长期的协同进化，使得蜂类在设施农业授粉中得到广泛应用。但设施作物室内小环境与自然环境差异很大，彻底改变了蜜蜂的生活习性，在设施农业授粉中，为了减少蜂群的损失，同时获得良好的授粉效果，蜂群的饲养管理尤为重要。

一、春秋季设施作物蜜蜂授粉应用

1. 设施大棚

上海地区种植方式主要以标准八型棚、六型棚及其相应结构微调大棚为主。

2. 上海春、秋季授粉作物和时间段划分

早期授粉作物：樱桃、特早西瓜、桃树、梨树等（3月中—4月初）。

中期授粉作物：春季西瓜、甜瓜、蓝莓、橘子等（4月初—6月初）。

后期授粉作物：秋季西瓜为主（8—10月）。

3. 对应授粉蜂种推荐

早期授粉蜂种：中蜂、意蜂。

中后期授粉蜂种：意蜂（偏黄色蜂种）、熊蜂。

4. 授粉蜂群群势基本要求和生命周期

（1）中、意蜂王要求

生产性蜂王1只。

（2）中、意蜂量要求

2脾蜂量。

（3）中、意蜂子脾要求

封盖子和幼虫混合脾1张、蜜粉脾1张。

（4）健康无病虫害蜂群

（5）生命周期

即最佳授粉周期，正常情况下45～60d，特殊蜂群（无王群）生命周期15～20d，指进入大棚当天开始计算。

5. 授粉蜂饲喂方式

（1）早期（3月中—4月初）

最佳饲喂方式：箱内饲喂。糖饲料（2∶1糖水比例）和蛋白质饲料（花粉团），糖饲料3d饲喂1次，每次饲喂0.5～1kg；蛋白质饲料7～15d饲喂一次，每次饲喂0.25～0.5kg。

（2）中后期

最佳饲喂方式：箱内饲喂。糖饲料（2∶1糖水比例）和蛋白质饲料（花粉团），糖饲料3d饲喂1次，每次饲喂0.5～1kg；蛋白质饲料7～15d饲喂一次，每次饲喂0.25～0.5kg。

辅助饲喂方式：箱内饲喂。固体糖饲料，如冰糖、颗粒糖可暂时性替代原有糖水饲料，1～2kg可维持蜂群30d左右；蛋白质饲料参照最佳饲喂方式。

（3）箱外糖饲料饲喂方式

蜜蜂出入口处30cm内放置饲喂容器，该容器饲喂糖饲料（2∶1糖水比例），容器内放置一定量漂浮物（稻草、枯叶类）避免蜜蜂掉落淹死。

6. 大棚长度和蜂箱

（1）大棚长度

50m放置1群授粉蜂群可完成作物授粉需求，以此类推。

（2）蜂箱

遮阳处理，垫高20cm，放置位置为大棚相对通风处，一般为棚门位置，立架栽培模式位置不限。

7. 作物用药和蜂群管理

设施农业土壤中不得使用内吸长效缓释杀虫剂，在蜜蜂进入前2周不得使用杀虫、杀菌剂。授粉期间，建议不使用农药。如须施药，应按照GB 3095

《环境空气质量标准》选用低毒农药、生物农药，并在施药前一天蜜蜂全部归巢后，将蜂群搬离，待棚内通风 48h 后，再将原蜂群搬入原位置。

二、冬季设施作物蜜蜂授粉应用

1. 设施大棚

上海地区保护地种植方式主要以标准八型棚、六型棚及其相应结构微调大棚为主。

2. 上海冬季授粉作物花期和时间段划分

早期授粉作物：草莓（10 月中—12 月中）。

中后期授粉作物：草莓、番茄（12 月中—3 月中）。

3. 对应授粉蜂种推荐

早期授粉蜂种：意蜂（偏黑色杂交蜂种）。

中后期授粉蜂种：中蜂（长三角地区蜂种）、意蜂（偏黑色杂交蜂种）、熊蜂。

4. 授粉蜂群群势基本要求和生命周期

（1）中、意蜂王要求

生产性蜂王 1 只。

（2）中、意蜂量要求

2 脾以上蜂量。

（3）中、意蜂子脾要求

封盖子脾 1 张、蜜粉脾 1 张等。

（4）健康无病虫害蜂群

（5）生命周期

即最佳授粉周期，正常情况下 60 ~ 90d，一般从进入大棚当天开始计算。

5. 授粉蜂饲喂方式

（1）早期（10 月中—12 月中）

最佳饲喂方式：箱内饲喂。糖饲料（2∶1 糖水比例）和蛋白质饲料（花粉团），糖饲料 3d 饲喂 1 次，每次饲喂 0.5 ~ 1kg；蛋白质饲料 7 ~ 15d 饲喂一次，每次饲喂 0.25 ~ 0.5kg。

箱外糖饲料饲喂方式：蜜蜂出入口处 30cm 内放置饲喂容器，该容器饲喂糖饲料（2∶1 糖水比例）0.5 ~ 1kg，3d 左右饲喂 1 次，容器内放置一定量漂浮物（稻草、枯叶类）避免蜜蜂掉落淹死。

（2）中后期（12 月中—3 月中）

最佳饲喂方式：箱内饲喂。糖饲料（2∶1 糖水比例）和蛋白质饲料（花粉团），糖饲料 3d 饲喂 1 次，每次饲喂 0.5 ~ 1kg；蛋白质饲料 7 ~ 15d 饲喂 1 次，每次饲喂 0.25 ~ 0.5kg。

6. 大棚长度和蜂箱

（1）大棚长度

50m 放置 1 群授粉蜂群可完成作物授粉需求，以此类推。

（2）蜂箱

垫高 20cm，放置位置为大棚温度稳定处，一般为大棚中间位置。

7. 作物用药和蜂群管理

授粉期间，建议不使用农药。如须施药，选用低毒农药、生物农药，并在施药前一天蜜蜂全部归巢后，将蜂群搬离，待棚内通风 48d 后，再将原蜂群搬入原位置。

三、蜂群入室后的管理要点

1. 适应环境，诱导授粉

蜂群入室后，首要的问题是让蜜蜂尽快适应温室的环境，诱导蜜蜂采集需要授粉作物。蜂群摆放好后，不要马上打开巢门，进行短时间的幽闭，让蜜蜂有一种改变了生活环境的感觉。30min 以后，巢门只开一个刚好够一只蜜蜂挤出来的小缝，也可以用少许青草或植物的叶子将巢门进行封堵。这样凡是挤出来的蜜蜂就可以重新认巢，容易适应小空间的飞翔。

由于温室内的花朵数量较少，有些植物花香的浓度就相应淡一些，对蜜蜂的吸引力小，应及时喂给蜜蜂含有授粉植物花香的诱导剂糖浆。第 1 次饲喂最好在晚上进行，第 2 天早晨蜜蜂出巢前再次喂 1 次，以后每日清晨饲喂，每群每次喂 100 ~ 150g。实践证明，采取上述措施后，可强化蜜蜂采粉的专业性，蜜蜂一经汲取，就陆续去拜访该种植物的花朵，诱因效果明显。

2. 保温防潮暑

保温：由于夜晚温度较低，蜜蜂紧缩，易使外部的子脾无蜂保暖而冻死，因此要加强蜂箱的保温措施，使箱内温度相对稳定，保证蜂群正常繁殖，保持蜜蜂的出勤积极性，延长蜂群的授粉寿命和提高授粉效果。

防潮：在白天，蜂群必须保持良好的通风透气状态，以防高温高湿的闷热环境对蜂群造成的危害。由于温室内湿度较大，蜂群小，调控能力有限，应经常更换保温物或放置木炭，保持箱内干燥。

3. 喂水喂盐，确保生存

蜜蜂的生存是离不开水的，由于温室内缺乏清洁的水源，蜜蜂放进温室后必须喂水。饲喂方法有两种，一是采用巢门喂水器饲喂；二是在棚内固定位置放1个浅盘子，每隔2d换1次水，在里面放一些漂浮物，防止蜜蜂溺水致死。在喂水时，加入少量食盐，补充足够的无机盐和矿物质，以满足蜂群幼虫和幼蜂正常生长发育的需要。

4. 多余巢脾，妥善保管

温室内湿度大，容易使蜂具发生霉变引发病虫害，所以蜂箱内多余的巢脾应全部取出来，放在温室外妥善保存。

5. 前期扣王，中期放王

为草莓授粉时，由于前期花量较少，而种植者都想早期就搬进蜂群，收获早期的优质果。根据蜂群的发展规律：蜂王开始产卵后，蜂群开始进入繁殖时期，工蜂采集活跃，出勤率高。采取前期扣王，也就是将蜂王关在专用王笼中，并放置在蜂群聚集区，限制蜂王产卵，可以有效制约蜂群的出勤和活动，少数蜂出勤活动足以使前期有限的花得到充足的授粉，有利于保持和延长大量工蜂的寿命。进入盛花期，放王产卵，调动多数蜜蜂出勤，也达到了充分授粉的目的，也使蜂群得以发展。

6. 蜂王剪翅，防止飞逃

温室环境恶劣，加上管理措施不到位，有时会出现蜂群飞逃现象，尤其应用中蜂授粉时更易发生，因此剪掉蜂王2/3翅膀，防止蜂群飞逃。

7. 缩小巢门，严防鼠害

冬季老鼠在外界找不到食物，很容易钻到温室里生活繁殖。老鼠对蜂群危害很大，咬巢脾，吃蜜蜂，扰乱蜂群秩序。蜂群入室后应缩小巢门，只让2只蜜蜂同时进出，防止老鼠从巢门钻入蜂群。同时，应采取放鼠夹、堵鼠洞、投放老鼠药等一切有效措施消灭老鼠。

8. 适时出室，及时合并

3月初，天晴时，温室内温度比较高，蜂群不宜在棚内，便可搬出。可以将蜂箱放置在室外，巢门开向温室内，这样可保证蜂群安全，又可以完成授粉任务。授粉期结束，大部分蜂群数量很少，无法进行正常繁殖，应及时合并蜂群，或从蜂场正常蜂群中抽调蜜蜂补充。

9. 授粉后的蜂群处理

花期过后，要及时处理蜂群，可进行群势调整后运到其他地方为作物授粉。租用的蜂群要及时交还，结清账目，对于蜂群授粉要进行评估，总结授粉经验，为下一年的工作打好基础。

四、设施内温湿度控制

蜜蜂是一种变温动物，单只蜜蜂静止在某处时，它的体温和周围的温度十分接近。当在40℃以上时蜜蜂就停止其采蜜工作，仅仅会有部分工蜂出勤，采水降温而已；当温度在7℃以下时，蜜蜂足肌呈现僵硬状态。当巢内湿度因天气炎热和干燥偏低时，工蜂会到有水源的地方采水；当巢内湿度过高时，工蜂会趴在巢门口扇风，这些活动会影响蜜蜂采集花粉及授粉，所以进行设施棚温湿度的管理，对于保证蜂群正常工作至关重要。

1. 温度控制

设施内白天温度应达到18℃到22℃，最高不得超过25℃，夜间温度6℃到16℃，不得低于0℃。控制设施内的温度，主要靠开关通风窗、作业门和保温帘来调控温度，在花期以适应蜜蜂正常采集授粉工作。

2. 湿度控制

设施内土壤相对湿度要保持在60%~70%，各生长期间空气的相对湿度略有差异，增加空气中的湿度可向地面和树体喷洒水，降低空气中的湿度可通过开关通风窗、作业门来调节湿度。

第四章

影响蜜蜂授粉因素及改进措施

第一节 主要疾病防治

蜜蜂是生活在蜂巢中的社会性昆虫，由蜂王、工蜂和雄蜂等个体组成，它和其他动物一样，都容易受到细菌、病毒和寄生虫的侵害。当机体处于最佳健康和营养状态时，对不利因素的抵抗力较高；当外界刺激超过了其机体正常的自身调节能力，自稳调节紊乱而发生体征、行为等异常生命活动，会对蜜蜂健康产生不利影响。加之它是以群体生活的社会性昆虫，任何侵袭都可导致蜂群停止发展，甚至走向衰退，给蜂农造成巨大的经济损失。

蜜蜂的病虫害有很多，归纳起来分为传染性病虫害和非传染性病虫害。根据侵染方式的不同，传染性病虫害可分为由致病微生物引起的侵染性病虫害和由寄生虫引起的侵袭性病虫害。

一、蜜蜂传染性病虫害

1. 病毒病

主要有囊状幼虫病、麻痹病、蜂蛹病、云翅病毒病、埃及蜜蜂病毒病等。

2. 细菌病

主要有美洲幼虫腐臭病、欧洲幼虫腐臭病、败血病、副伤寒病等。

3. 螺原体病

主要有蜜蜂螺原体病。

4. 真菌病

主要有白垩病、黄曲霉病、蜂王卵巢黑变病等。

5. 原生动物病

主要有蜜蜂孢子虫病、蜜蜂阿米巴病等。

6. 寄生螨

主要有雅氏瓦螨（大蜂螨）、亮热厉螨（小蜂螨）、武氏蜂盾螨（气管螨）等。

7. 寄生性昆虫和线虫

主要有蜂麻蝇、驼背蝇、芫菁、圆头蝇、蜂虱、线虫等。

二、蜜蜂非传染性病虫害

主要有遗传病、生理障碍、营养障碍、代谢异常、中毒以及一些异常等。

此外，根据患病蜜蜂的虫态，蜜蜂病虫害还有蜂卵病、幼虫病、蜂蛹病以及成年蜂病。

蜜蜂受到病虫害后常会表现出一些症状，常见的有以下几类。

1. 腐烂

又称腐败，主要由于蜜蜂的机体组织受到病原的破坏或其他因素使有机体组织细胞死亡，最终被分解成带有各种不同腐败气味的物质。

2. 畸形

蜜蜂受到病虫害的侵袭时，除了造成肢体的残缺外，还包括躯体的肿胀等偏离了正常的形态。常见的蜜蜂畸形有：螨害及高、低温引起的卷翅、缺翅；许多病原菌引起的腹胀等。

3. 变色

蜜蜂染病后，病蜂体色均发生变化，通常由明亮变暗涩，由浅色变为深色。感病幼虫体色由明亮光泽的白色变成苍白，继而转黄，直至变为黑色。

4. 爬蜂

无论是生物因素或非生物因素引起蜜蜂患病，由于蜜蜂机体虚弱或由于病原体损害神经系统，均可以看到大量病蜂在巢箱底部或巢箱外爬行。

5. "花子""穿孔"

正常子脾同一面上，虫龄整齐，封盖一致，无孔洞。当患病蜂被内勤蜂清除出巢房时，无病的幼虫照常发育，蜂王又在清除后的空房内产卵或窄房。造成在同一脾面上，健康的封盖子、空巢房、卵房和日龄不一的幼虫房相间排列的状态称为"花子"。"穿孔"是指蜜蜂子脾房封盖，由于患病后房内虫、蛹的死亡，内勤蜂啃咬房盖而造成房盖上出现小孔。注意观察蜜蜂病害的症状，有助于蜂病的诊断。

三、主要疾病防治

1. 欧洲幼虫腐臭病

欧洲幼虫腐臭病是蜜蜂幼虫的一种恶性传染病，现已遍布世界各地，对中蜂有较严重的影响。一年四季均能染病，主要发生在春秋两季，特别是早春季节群势弱、巢温过低时，无蜜粉源更易发生；该病的主要传播源是被污染的饲料（花粉），通过内勤蜂的清扫和饲喂在群内传播，蜂群间主要通过盗蜂和迷巢蜂传播。常使2～4d的未封盖小幼虫死亡，严重时可导致整个蜂群被传染，患病后不能正常繁殖和采蜜。

该病原主要为蜂房蜜蜂球菌，其余为次生菌，如蜂房芽孢杆菌、侧芽孢杆菌及其变异型蜜蜂链球菌等，其发生的先决条件是群势弱，强群中发病较轻。

蜜蜂幼虫1～2日龄感染，潜伏期2～3d，大多在3～5日龄死亡（封盖前死亡）。幼虫染病后，会失去本来的光泽，初呈苍白色、扁平，逐渐出现虫体浮肿、体节消失、虫体颜色发黄，当幼虫死后，虫体变成褐色，虫体上能看到白色的背线，若是盘蛆的幼虫死亡，这种背线呈放射状，若是伸直的幼虫死亡，则呈条状。幼虫尸体会逐步发烂，变得略带黏性不能拉成丝状，会散发出一股腐臭味。幼虫干枯后，盘与房底，易被清除。有时蜂群染病后，子脾上可出现空巢房和子房相间的"插花子脾"。

根据蜂巢内幼虫的症状或病原通过酵母琼脂/马铃薯琼脂培养基分离纯化后镜检可以进行诊断。

由于该病是由细菌引发的，故使用抗生素类药物在防治方法上能起到一定效果，如青霉素、链霉素、四环素、磺胺类、庆大霉素、土霉素等，可以将抗生素加入糖水或花粉内对蜜蜂进行饲喂，每天饲喂一次，一般根据实际情况饲喂3～5次即可祛除。发病较轻时，可人工清除虫尸，并用棉签蘸75%酒精消毒；发病较重时，应彻底换箱换脾，并将换下的蜂箱及巢脾焚烧处理。同时采取饲养强群、蜂箱保温、补喂蛋白质饲料，提高蜂群的抗病能力，防止盗蜂

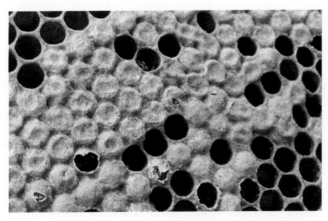

欧洲幼虫腐臭病

等方法也可以对本病进行防治。

2. 美洲幼虫腐臭病

美洲幼虫腐臭又叫"烂子病"，是蜜蜂幼虫的一种恶性传染病，分布极广，几乎世界各国都有发生，其中以热带和亚热带地区发病较重。该病一般发生在西方蜜蜂种的各亚种，中蜂及东方蜜蜂种很少发生。蜜蜂幼虫一年四季均能染病，主要发生在夏秋两季，这时正是蜂群繁殖和生产的季节，危害较大。被污染的饲料（带菌蜂蜜）和患病巢脾是主要传播来源，蜂群内主要通过内勤蜂对幼虫的喂饲活动传播，蜂群间主要由养蜂人员不遵守卫生规程的操作活动，如将患病蜂群与健康蜂群混合饲养、蜂箱蜂具混用和随意调换子脾等造成传播。其次，蜂场上的盗蜂和迷巢蜂，也能造成传播。

美洲幼虫腐臭病是由幼虫芽孢杆菌所引起的，该菌菌体长 2～5 μm，宽 0.5～0.7 μm，有鞭毛，能运动，在 37℃生长良好，适应性很强，沸水中煮沸 1～5min 可杀死。该杆菌常形成芽孢来抵抗药物治疗，是一种很难治愈的幼虫病。

美洲幼虫腐臭病主要造成封盖后幼虫的死亡，孵化后 24h 的幼虫最容易染病，老熟幼虫、蛹、成蜂不易染病。患病蜂群的封盖子脾表面常呈湿润、油光和下陷并有针头大的穿孔，形成所谓的"穿孔子脾"。死亡幼虫起初呈苍白色，以后逐渐变深，呈淡褐色、咖啡色，最后呈暗褐色。虫尸呈黏液胶状，发出鱼腥臭气味。用火柴棒挑取，可拉成 2～3cm 的细丝。虫尸干枯后紧粘房壁，工蜂难以清除。

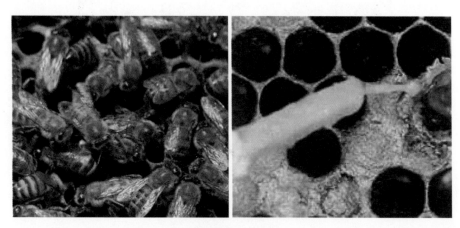

美洲幼虫腐臭病

对可疑患美洲幼虫腐臭病的蜂群，有三种判定方法：①从蜂群中抽取封盖子脾 1～2 张，仔细观察。若发现子脾表面呈现潮湿、油光，并有穿孔时，则可进一步从穿孔蜂房中挑出幼虫尸体进行观察，若发现幼虫尸体呈浅褐色或咖啡色，并具有黏性时，即可确定为美洲幼虫腐臭病。②将幼虫尸体进行微生物学检验，涂片染色后如发现许多单生或链状的椭圆形杆菌或芽孢即可判定。③挑取幼虫尸体经分离培养的菌体少许，加入新鲜牛奶的试管中充分混合均匀，30～32℃下培养 1～2h 后，若见牛奶凝聚，则可判定为美洲幼虫腐臭病。

对美洲幼虫腐臭病的防治可以从以下三个方面进行。

（1）杜绝病原

严格检疫，遵守操作规程，禁用来路不明的蜂蜜作饲料，不购买病蜂群。对于患病蜂群，必须进行隔离，严禁与健康蜂群混养；对未患病蜂群进行 0.1% 磺胺噻唑糖浆预防性饲喂。

（2）分类治疗

对于病重群（一般烂子率达 10% 以上者），必须进行彻底换箱换脾处理。对轻病群，除需用镊子将所有的烂幼虫清除干净以外，还须用棉花球蘸取 0.1% 的新洁尔灭溶液清洗巢房 1～2 次。对久治不愈的重病群，为了防止传染其他蜂群，应采取焚蜂焚箱的办法，彻底焚灭。

（3）结合进行药物治疗

可选用磺胺类药物进行饲喂或喷脾。但一定要在采蜜期到来之前两个月进行，以免污染蜂蜜。磺胺噻唑钠片剂或针剂均可。每千克1∶1的糖浆加入1g的磺胺噻唑钠，调匀后喂蜂。

3.蜜蜂败血病

蜜蜂败血病是一种由细菌引起的成年蜂病害的急性传染病，发病快、死亡率高，在世界各地广泛存在，多发生于高温高湿的春夏两季，病菌广泛存在自然界，尤其是污水和沼泽中，工蜂采集污水或在沼泽地爬行时可被感染，蜂场潮湿、消毒不严、箱内不洁、饲料劣质均可爆发此病。蜂群患病初期不易被发现，一旦出现则蔓延很快，病情严重时只需3~4d就能使整个蜂群灭亡。

该病病原为蜜蜂败血杆菌，大小为（0.8~1.5）μm×（0.6~0.7）μm的短杆状，革兰氏染色呈阴性，周身具鞭毛，能运动，单生或成链状，菌落乳白色，表面光滑，略突起，直径约1mm，可产生蓝色的色素。该菌对不良环境抵抗力较差，在蜜蜂尸体里可存活1个月，潮湿的土壤里能存活8个月以上，经甲醛蒸气处理7h可杀死，74℃下30min杀死，100℃下3min就可杀死。

病蜂初期运动迟缓，身体随后僵硬，蜂群表现为烦躁不安，不取食，也无法飞翔，在箱内外爬行、振翅，最后抽搐、痉挛而死亡，病情严重时蜂箱内有恶臭味，亦可在蜂箱底或巢门前看到大量死蜂和病蜂排泄的粪便，死后由于活动关节间肌肉分解，头部、胸部、腹部分离脱落，甚至翅、足、触角、口器也分离脱落。

对该病的诊断主要在临床症状诊断的基础上，取可疑为患败血症的蜜蜂数只，去掉头部和腹部，取胸部肌肉一块，放于载玻片上，用镊子轻轻挤压，仔细观察血淋巴的颜色变化，也可用解剖剪剪去病蜂后足胫节，将流出的血淋巴涂于玻片上，在显微镜1 000~1 500倍下观察，若发现血淋巴呈乳白色浓稠状，并观察到较多短杆菌时，即可确诊为蜜蜂败血病。

对于该病的防治可以采取以下三个方面的措施：①选择地势高燥、背风向阳、空气流通的地方作为放蜂场地，高温天气要加强蜂箱的降温工作，而阴雨潮湿天气则要保证蜂箱内外干燥。②蜂群患病后立即更换蜂箱和巢脾，同时要做好蜂箱和巢脾的消毒工作，蜂场内常年设置清洁水源供蜜蜂采水饮水器，以防治蜜蜂采集污水感染此病。③根据蜜蜂败血杆菌对土霉素和氯霉素比较敏感的特点，在治疗时，可选择这两种药物进行防治，根据说明书配制好饲料饲喂蜂群。

蜜蜂败血病

4. 蜜蜂副伤寒

蜜蜂副伤寒病是蜂群越冬期常见的一种细菌传染病，常在冬末春初发生，蜂箱内低温潮湿或饲料不良时易发，主要由带病菌的饲料或巢脾传播，造成成年蜂严重下痢死亡，故此病也称“下痢病”。潜伏期一般有 3 ~ 14d，致死率较高，死亡率可高达 50% ~ 60%，患病蜂群不但使越冬时死亡率增高，还严重地影响早春蜂群繁殖。

蜜蜂副伤寒病是由蜜蜂哈夫尼肠杆菌引起的，这种肠杆菌两端钝圆，长 1 ~ 2 μm，宽 0.3 ~ 0.5 μm，可自行运动，无法形成芽孢，革兰氏染色呈阴性，在高温的热水中最多只能存活 2min 左右，在 58 ~ 60℃的热水中只能存活 30min，对化学药剂和高温抵抗力较弱。

蜜蜂患此病后出现腹部膨大、体色发暗、行动迟缓、体质衰弱，有时肢节麻痹、腹泻等症状。患病严重的蜂群箱底或巢门口死蜂遍地，病蜂排泄物大量聚集，发出难闻的气味。拉出蜜蜂肠道，呈灰白色、无弹性，其内充满棕黑色的稀糊状粪便。

该病可以从蜜蜂临床症状或从病蜂体内分离病原菌进行细菌学和血清学的检验或对病蜂解剖后，拉出中肠，如中肠呈灰白色，中、后肠膨大，后肠积满棕黄色粪便等确诊。土霉素对防治此病有效。

为预防蜜蜂副伤寒病，养蜂人要给越冬蜂群留足优质卫生的饲料蜜脾，在蜂场设置清洁的水源，在饲料或饮水中加入蜜蜂专用的柠檬酸。如蜂群感染蜜蜂副伤寒病，复方新诺明、土霉素、氯霉素治疗效果均较好，每千克浓糖浆按照 1：1 的比例，加复方新诺明 1 ~ 2g 或土霉素 2g 或氯霉素 2g，混匀后每框蜂一次喂 50 ~ 100g，每隔 3 ~ 4d 喂一次，连续使用 3 ~ 4 次即可见好转。

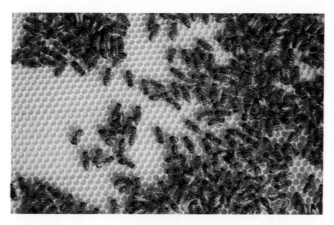

蜜蜂副伤寒

5. 囊状幼虫病

蜜蜂囊状幼虫病是由蜜蜂囊状幼虫病毒引起的一种病毒病，又称中囊病，也叫烂子病、剪头病，它是一种来势猛、病期短、传播快的急性病，中华蜜蜂较西方蜜蜂易感，蜂群一旦受到囊状幼虫病毒的侵染，会引起整个蜂场蜜蜂群势的骤减，甚至引起本地区蜂群大量死亡，对蜂业生产影响极大。该病多发生在春秋季节，部分地区也可以发生在早冬及夏季，发病严重与否主要与气温有关，温度低、温差大、蜂群保温差易发病，特别是早春寒流袭击后病害发展更为迅速。该病的传染源主要为病死幼虫以及被污染的饲料（蜂蜜和花粉）、巢脾和蜂具，传播途径较为复杂，有蜂群内传播、蜂群间传播、蜂场间传播和地区间传播等，其中地区间传播发病一般是在很多地区同时发病，危害更大。

感染蜜蜂的囊状幼虫病的病原为蜜蜂囊状幼虫病毒，是一类小核糖核酸病毒，圆形，呈二十面，属肠道病毒属。

幼虫在 1~2 日龄时最易染病，病毒随食物进入幼虫体内，潜伏 4~5d 后，5~6 日龄幼虫出现症状，患病幼虫多在 8~9d 封盖前后死亡。发病初期出现"花子"，接着即可在脾面上出现"尖头"，抽出后可见不甚明显的囊状，体色由珍珠白变黄，继而变褐、黑褐色，封盖的病虫房盖下陷、穿孔，虫尸干后不翘，无臭，无黏性，易清除。发病后，蜜蜂蜂群患病子脾上既有死蛹也有健康蛹，死蛹及病蛹不断地被工蜂清理出巢房，健康的蛹还可以留在脾面上，所以会出现"插花子脾"现象，这是蜜蜂患囊状幼虫病的一个典型病征。

囊状幼虫病

在蜜蜂幼虫发病时可通过蜂群检查的方法对囊状幼虫病做出诊断。发病蜂群在巢内和蜂箱前可看到拖出的病死幼虫；子脾中出现"花子"或埋房现象；部分或全部未封盖的巢房内有头部变暗、膨大、充满液体的幼虫，水分蒸发后，可用镊子将呈囊状外观的幼虫夹起，呈囊状或袋状。对成蜂感染及蜂群隐性感染的诊断只能依赖实验室诊断。

目前尚无特效药物可以根治蜜蜂囊状幼虫病，但可以采用以下几种措施来缓解病情或控制囊状幼虫病大面积暴发。

（1）选育品种

在病害流行季节发病轻或不发病的蜂群可作种群培养蜂王，淘汰病群中的雄蜂，经过几代选育，可降低中蜂囊状幼虫病的发病率。

（2）断子清巢

蜂群发病时一定要断子清脾，可通过幽禁蜂王或换王的方法人为造成一段时间断子，让工蜂清扫巢脾，减少幼虫重复感染，同时对蜂箱和巢脾进行消毒。

（3）加强管理

早春和晚秋时，外界气温较低，应注意蜂群保温。调整蜂群内蜂脾关系，使蜂数略多于巢脾或保持蜂脾相称；合并弱群做到蜂多于脾，加强保温、保持蜂群有足够的饲料，必要时进行救助饲喂，同时喂一些蛋白质饲料和维生素类等。

（4）科学用药

虽然至今还没有特效药物可以有效治疗蜜蜂囊状幼虫病，但是使用某些抗病毒药物或清热解毒的中草药可以起到一定的缓解或治疗效果。

6. 蜜蜂蛹病

蜜蜂蛹病又称"死蛹病"，是危害我国养蜂生产的一种新的传染病。20世纪80年代初期，首先在云南、四川省的局部地区饲养的意蜂群中发现，并逐渐传播到江西、安徽、浙江等地。该病的发生与温度关系密切，发病的适宜温度为 10～21℃，早春寒潮过后，易发生蛹病。意蜂较中蜂易感染，老蜂王群较年轻蜂王群易感染。蜂群中的病死蜂蛹、患病蜂王以及被污染的巢脾是主要传染源。患病蜂群常出现见子不见蜂，造成蜂蜜和王浆产量明显降低，严重者甚至全群死亡。

蜜蜂蛹病的病原为蜜蜂蛹病毒，它是 20nm 大小的球形病毒。死亡的工蜂蛹和雄蜂蛹多呈干枯状，也有的呈湿润状，病毒在大幼虫阶段侵入，发病幼虫失去自然光泽和正常饱满度，体色呈灰白色，并逐渐变为浅褐色至深褐色。死亡的蜂蛹呈暗褐色或黑色，尸体无臭味，无黏性，多数巢房盖被工蜂咬破，露出死蛹，头部呈"白头蛹"状。患病蜂群，工蜂行动疲软，采集力明显下降，分泌蜂王浆和哺育幼虫能力降低，所以对蜂蜜和蜂王浆产量影响很大，病情严重的蜂群出现蜂王自然交替或飞逃。

在蜂箱外观察，如发现蜂群工蜂表现疲软，出勤率降低，在蜂箱前场地上可见到被工蜂拖出的死蜂蛹或发育不健全的幼蜂，可疑为患蜂蛹病。或者提取封盖巢脾，抖落蜜蜂，若发现封盖子脾不平整，出现有巢房盖开启的死蜂蛹或有"插花子脾"现象，即可初步诊断为患蜂蛹病。确诊可通过实验室检测方法进行。

对蜜蜂蛹病的防治可以通过以下几个方面：①选择无病蜂群作为种蜂群，培育优质蜂王，以增强对蜂蛹病的抵抗力。②加强饲养管理，创造适宜蜂群发展的环境条件，如保持蜂群内蜂脾相称或蜂多于脾、加强蜂巢内保温、保持充足的蜜粉饲料、保持蜂场卫生、及时清理蜂箱外的死亡蜂蛹等。③加强消毒，及时药物防治。患病蜂场应对换下的蜂箱及蜂具用火焰喷灯灼烧消毒。对巢脾用高效巢脾消毒剂浸泡消毒，巢脾和蜂具经消毒处理并换以优质蜂王的蜂群，喷喂防治药物蛹泰康。如蜂群染病，可使用环丙沙星或诺氟沙星进行治疗。

蜜蜂蛹病

7. 急性麻痹病

急性蜜蜂麻痹病又称为黑蜂病、蜜蜂瘫痪病、蜜蜂麻痹病等，是蜜蜂成蜂的一种急性传染性病，已在英国、法国、比利时、俄罗斯、澳大利亚、墨西哥及中国发现。雅氏瓦螨和蜂螨是该病的传播媒介，被污染的巢脾和饲料等也是隐形的传染源。该病在连续雨天或久旱无雨时易爆发，有极强的传染性，受害蜜蜂主要是成年蜂，若不及时处理，轻则造成蜂蜜减产，严重时可使成年蜂大量死亡甚至全群灭亡。

该病病原为蜜蜂急性麻痹病病毒，外观呈圆球形，直径约为 30nm，无囊膜，在自然环境下普遍存在于健康蜜蜂体内，受到一定因素的激活可引起蜜蜂发病。病毒主要侵染蜜蜂的脂肪细胞、脑、咽下腺及血淋巴，直接损害蜜蜂的神经细胞。病蜂的典型特征是身体不断地抽搐、丧失飞行能力、翅和足伸开、振翅虚弱、爬行无力，有的病蜂腹部膨大、有的身体瘦小且常被健康蜂逐出巢门之外，患病后期则表现体表发黑、绒毛脱光、腹部收缩如油炸过一样。往往在 5 ~ 9 日死亡。但也常见隐性感染，特别在 35℃条件下，被感染的蜜蜂几乎无任何症状。夏季高温（30℃）高湿环境中病害严重。

由于急性蜜蜂麻痹病传染速度快且顽固难治，故对其防治可采取以下几项措施：①积极选育抗病、耐病的蜂种，在病害高发期还要及时补饲蛋白质饲料以增强蜂群的抗病力。②发现蜂群患病后要立即隔离治疗以免将传染给健康蜂群。③病害高发期用升华硫等彻底给蜂具消毒，控制蜂群螨害，科学配制蜂群饲料严格并消毒。④对于患病蜂群可以使用新生霉素或金霉素治疗，每 20 万单位加 1kg 糖浆喷脾，每隔 2d 喷一次，连续喷 2 ~ 3 次。

8. 慢性麻痹病

蜜蜂慢性麻痹病是长期危害成年蜂的主要传染病之一。患病蜜蜂、蜂螨、被污染的巢脾和饲料等是其主要的传染源，发病与传播有较明显的季节性，一般每年的春末夏初或秋末冬初是发病的高峰期。该病传染快，病性重，比较顽固难治，对蜜蜂的危害很大。如不及时防治，轻则造成蜂蜜严重减产，重则会使蜜蜂出现大量死亡。

该病病原为慢性麻痹病病毒，其形状为椭圆形，30℃时致病性最强，在蜂尸中能保持毒性达 2 年。病毒半数以上集中在蜜蜂头部的上颚腺、王浆腺等处，病毒在这些组织的细胞中增殖，并破坏其功能。患病蜜蜂可表现出两种独特的症状。一种为"大肚型"，病蜂双翅及躯体反常震颤，不能飞翔，腹部膨大，解剖观察病蜂蜜囊膨大且充满液体，倦呆，常在蜂箱周围的地面或草茎上爬行。另一种为"黑蜂型"，刚被感染时还能飞翔，但体表绒毛脱落，蜂体瘦小，后期病蜂呈现出黑色的相对膨大的腹部，腹部表面呈油腻状，反应迟缓，翅残损，失去飞翔能力，不久便衰竭死亡，初期病蜂体型类似于盗蜂，而麻痹病发病期多为蜜源短缺时期，此时病群防御力下降，故很容易遭到其他蜂群的攻击，由于对病因掌握的较少或缺少观察，往往被广大蜂友所忽视。

发现疑似病群，应尽快将其与健康群隔离，并详细地观察病蜂的形态和表现，对比发病症状判断是否患蜜蜂麻痹病。必要时进行解剖观察，若蜜囊内充满蜜汁，且中肠呈乳白色失去弹性，后肠积蓄黄褐色粪便，即可确诊。

对于慢性麻痹病的防治主要采取以下几种防治措施：①换王是治疗蜜蜂麻痹病的良好措施。要选育抗病的和耐病的蜂种，选择健康无病的蜂群培育蜂王，以提高蜂群的自身抵抗能力。②加强对蜂群的保温，以防蜂群受凉受潮；尽量减少穿插子脾，以免蜂群间交叉传染；巢内保持无污染的充足优质饲料，适当补充蛋白质饲料。③定期更换清洁的新蜂箱。每隔6d左右对蜂箱进行消毒一次，方法是用10g左右的升华硫粉，均匀地撒在框梁上、巢门口和箱门口。④及时处理病蜂。要经常检查蜜蜂的活动情况，如发现蜜蜂出现麻痹病症状，应该立即将其消灭。⑤污染的巢脾可以用药喷撒。药物治疗使用酞丁胺粉（4%）饲喂，每升50%糖水加本品12g，每群250mL，隔1次，连用5次，采蜜期停止使用。可将20万单位的新生霉素或金霉素，加入1kg糖浆，摇匀后喷到蜂脾上，每隔2d喷1次，连续喷2～3次。

慢性麻痹病

9. 克什米尔蜜蜂病毒病

克什米尔蜜蜂病毒病是蜜蜂的一种急性传染病，自 20 世纪 70 年代被发现以来，已发现其广泛侵染世界各地的东方蜜蜂和西方蜜蜂，在蜂群内以垂直传播和水平传播两种途径扩散，狄斯瓦螨（大蜂螨）在传播的过程中扮演着重要角色。该病毒除感染蜜蜂外，其还可侵染熊蜂、胡蜂等多种野生授粉昆虫。

该病病原为克什米尔蜜蜂病毒，首先发现于成蜂体内，病毒粒子在进入成蜂血淋巴后几天内就会导致宿主死亡，因此它被认为是毒力最强的蜜蜂病毒之一，可以侵染蜜蜂除了头部以外的其他组织。它以隐性感染状态存在于蜂群内，在一些应激（如营养不良）或者可替代宿主（如狄斯瓦螨）的诱发下造成流行并进而成为急性致病病毒。狄斯瓦螨在世界范围的传播对于蜂群中的病毒感染水平具有显著的影响，且能与蜜蜂病毒共同侵害蜂群，表现出复合症状，由于其在蜜蜂幼虫与成蜂之间规律性地生活与移动，在吸食蜜蜂体液的过程中很可能通过唾液传播克什米尔蜜蜂病毒，故有作为蜜蜂病毒生物载体的潜在可能。此外，狄斯瓦螨不仅直接传播病毒，它的寄生也会降低宿主的免疫反应和激活宿主体内可能长期潜伏的病毒，这更容易导致幼虫被其他的病毒感染。

由于狄斯瓦螨在该病传播中的显著作用，故对狄斯瓦螨的防治可以明显地抑制该病的传播，可以采取无病群培育的蜂王来更换患病群的蜂王，以提高蜂群繁殖力和对疾病的抵抗力；选择抗螨蜂种和饲养强群，同时在蜜蜂自然断子期进行彻底的药物防治，基本可使蜂螨少发生甚至不发生。

10. 蜜蜂白垩病

白垩病是蜜蜂的一种真菌性传染病。该病又称石灰质病，对蜂群危害大，严重时甚至可以造成整个蜂群的灭亡。从 2 月到 11 月中下旬，由于气温变化大，蜂群正处于繁殖增长期，幼虫多，子脾面积大，是白垩病的高发期。该病危害的是蜜蜂的幼虫，同一蜂群中，雄蜂的幼虫比工蜂的幼虫更容易感染球囊菌。患病幼虫、病死幼虫的尸体，被病菌污染的饲料、巢脾和其他蜂具，被携带孢子的蜜蜂污染的蜜粉源、水源等都是传染源。蜂群间的传播是通过盗蜂和迷巢蜂将污染的饲料饲喂给健康的幼虫。养蜂员不遵守卫生操作规程，随意将病群中的巢脾调入健康群，转地放养和蜜蜂商业授粉，也都是引起蜜蜂白垩病暴发的重要因素。患病的蜂群很难繁殖成强群，有可能全群覆灭，严重时会威胁整个蜂场的安全。

蜜蜂白垩病是由蜜蜂球囊菌引起的。蜜蜂球囊菌子实体呈球状，内有很多孢囊，在适宜的条件下，孢囊发育出雌、雄菌丝，雌菌丝形成的藏卵器与雄菌丝形成的藏精器结合，形成子囊，子囊有极强的生命力，在自然界保存 15 年仍具有感染能力。蜜蜂白垩病主要是通过孢囊孢子和子囊孢子传播。球囊孢子萌发的最适温度为 30.5 ~ 35.5℃，空气相对湿度越大，越有利于萌发，低于 80% 则不利于萌发。蜜蜂幼虫通过肠道内的 CO_2 促进球囊菌孢子的萌发，当 CO_2 浓度达到 20% 时，球囊孢子的活化率为 100%。当幼虫被球囊菌感染后，耗食量剧减，最终停止取食。球囊菌产生的胞外酶辅助其侵染幼虫中肠围食膜，球囊菌侵入中肠肠壁后，菌丝开始进入体腔生长，甚至侵入幼虫后肠。蜂群患病后，蜜蜂球囊菌能极快蔓延，会导致大幼虫及封盖的幼虫死亡，死虫表面布满白色的丝状菌，虫尸失水干燥，慢慢变成石灰状硬块，颜色由灰逐渐变成黑色或白色。

可疑蜂群患白垩病时，提取老熟子脾，观察将要封盖和已封盖幼虫，看是否有幼虫体肿胀并充满巢房的情况，挑取幼虫尸体的表层物于载玻片上，滴一滴蒸馏水。在低倍显微镜下观察，若能清楚地看到呈白色的似棉花般的菌丝和含有孢子的孢囊，则可诊断为白垩病。

为避免蜂群发生白垩病，最大限度地减少该病对蜜蜂的危害，可以采取以下措施进行人为干预。

（1）饲养强群

养蜂者从越冬开始培养强群，确保来年蜂群健康繁殖。在早春或初夏，尽量缩紧蜂脾数，使蜂多于脾，弱群可以采取以强补弱或将 2 个弱群组织成双王群，保证子脾边缘的幼虫能得到蜜蜂护脾的有效保温，增强蜂群抗御白垩病的能力。

（2）选择干燥、通风、阳光可以照到的地方作为放蜂场地

蜂箱底用干石灰铺垫或垫高 20cm，保持巢内饲料、水源干净、充足。换箱换脾：除去病群中所有的病虫脾和粉蜜脾，换上干净的巢脾供蜂王产卵。

（3）药物治疗

病蜂群经换箱换脾后及时地按 NY 5138-2002 的规定使用制霉菌素饲喂，

每升50%糖水加本品200mg，每隔3d 1次，连用5次，注意采蜜期要停止使用。

11. 蜜蜂孢子虫病

蜜蜂孢子虫病又叫微粒子病，是蜜蜂的一种常见消化道传染病，在世界各地广泛存在。发病与温度及蜜源关系密切，有明显的季节变化，高峰期多出现在春季。在蜂群内工蜂、雄蜂和蜂王均可感染发病，但以工蜂感染率最高，其次是蜂王，在工蜂中又以青壮年蜂感染率最高，而幼年蜂和老龄蜂则较低；幼虫和蜂蛹则不感病。西方蜜蜂较东方蜜蜂易发病。被病蜂污染的饲料和巢脾是病害传染的主要来源。蜜蜂孢子虫病不仅大大缩短了蜜蜂的寿命，引起蜜蜂群势衰弱，还显著降低了蜜蜂的泌蜡量和采集力，对养蜂业和农业生产造成不可估量的损失。

蜜蜂孢子虫病是由蜜蜂孢子虫引起的。蜜蜂孢子虫寄生于蜜蜂中肠上皮细胞，以蜜蜂体液为营养发育和繁殖，有无性裂殖和孢子生殖两种生殖形态，在蜜蜂体外以孢子形态存活，孢子虫孢子对外界不良环境的抵抗力很强。蜜蜂在患病初期外部症状不明显，随着病情的发展，才逐渐表现行动缓慢，萎靡不振。后期则完全失去飞行能力。病蜂体色较正常蜂暗淡，以意大利蜂为例，病蜂腹部末端暗黑色，第一、二腹节背板呈棕黄色略透明，中肠灰白色，环纹模糊，失去正常弹性。正常中肠淡褐色，环纹清晰，弹性良好。病蜂体内白细胞通常较正常蜜蜂减少50%左右。一般通过实验室镜检可以确诊该病。病蜂常集中在巢脾下面边缘和蜂箱底部，也有的病蜂爬在巢脾框梁上或无力爬行在蜂箱巢门前和场地上。由于病蜂常受到健康蜂的驱逐，导致有些病蜂的翅边缘出现缺刻。

目前，蜜蜂微孢子虫的防治，都是以防为主，治为辅。将及时更换病蜂群中的蜂王，将蜂箱放置在干燥和通风的环境中，保持适宜的蜂箱温度蜂群室温、及时供给优质饲料，对病群蜂箱、巢脾、蜂具、饲料等用2%~3%氢氧化钠溶液清洗，也可用火焰喷灯灼烧；巢脾可用4%甲醛溶液或冰醋酸进行消毒。同时结合用黄色素、醋酸等混入糖浆中饲喂治疗。

12. 蜂螨

大蜂螨，又称雅氏瓦螨、亚洲螨、大螨，属瓦螨科。于1904年首次在中蜂（中华蜜蜂）上发现，目前除大洋洲外，亚洲、非洲、欧洲、美洲地区都有

蜂螨

发生，蜂螨的消长与蜂群群势、气温、蜜源及蜂王产卵时间均有较密切的关系。大蜂螨的原始寄主是中蜂，由于中蜂抗螨性强，大蜂螨只能少量寄生，但其对西方蜜蜂危害性较强，西方蜜蜂受侵染后如不及时治疗，蜂群很快衰亡。蜂场内带螨蜂和健康蜂的相互接触可造成蜂群间的传播，病群、健康群的子脾互调和子脾混用等不当操作也可造成场内螨害的迅速蔓延。另外，采蜜时有螨工蜂与无螨工蜂通过花的媒介也可造成蜂群间的相互传染。大蜂螨的跨国传播由蜜蜂的进出口贸易造成，不同地区螨类的传播由蜂群频繁转地造成。

大蜂螨的生活史归纳起来可分为两个时期，一个是体外寄生期，一个是蜂房内的繁殖期，完成1个世代必须借助于蜜蜂的封盖子来完成，受孕雌螨，产一个卵时，多数情况下发育为雌螨，若产两个以上的卵时，则必有一个发育为雄螨。大蜂螨有卵、若螨、成螨3个发育阶段，雌螨的发育历期为7天，雄螨的发育历期为6.5d。成螨寿命因性别不同差异较大。雄螨寿命很短，只有0.5d左右，它在巢房内与雌螨交配后很快死去。因而在巢脾和蜂体上很难找到雄螨。雌成螨的寿命较长，且受季节影响较大。春夏繁殖期，雌螨寿命平均为43.5d，最长可达2个月；在冬季越冬期，雌螨靠自身贮存的营养和吮吸少量蜜蜂的血淋巴在越冬蜂团上生活，寿命可达6个月以上。其中雄成螨与雌成螨的形态显著不同。在形态上雄成螨较雌成螨小，体呈卵圆形。在中蜂中，雌成螨只在雄蜂房内产卵；在西方蜜蜂中，雌成螨可寄生于成年蜂、幼虫和蛹体上。

大蜂螨雌虫

大蜂螨雄虫

小蜂螨雌虫

小蜂螨雄虫

雄成螨和雌成螨

大蜂螨主要通过吸食蜜蜂血淋巴造成危害，病蜂的主要症状有：被寄生的成年蜂，体质衰弱，烦躁不安，体重减轻，寿命缩短。幼虫受害后，发育不正常，出房的蜜蜂畸形，翅残，失去飞翔能力，四处乱爬。受害蜂群，哺育力和采集力下降，成年蜂日益减少，群势迅速下降，甚至全群死亡。大蜂螨还是多种病原体的携带和传播者，目前已知其体内可携带的有：急性麻痹病病毒、蜜蜂克什米尔病毒、残翅病毒、慢性麻痹病病毒、云翅病毒、蜂房哈夫尼菌；体表可携带的有：蜜蜂球囊霉、曲霉、孢子虫。当以上某种病害和螨同时发生在蜂群中时，螨就可以通过吸食和活动在群内甚至群间传播病害。因此，在治疗以上病害的同时，要彻底治螨。

　　根据巢门前死蜂情况和巢脾上幼虫及蜂蛹死亡状态判断。若在巢门前发现许多翅、足残缺的幼蜂爬行，并有死蜂蛹被工蜂拖出等情况，在巢脾上出现死亡变黑的幼虫和蜂蛹，并在蛹体上见到大蜂螨附着，即可确定为大蜂螨危害。

　　对大蜂螨的防治，通常采取化学防治、物理防治、综合防治等几种措施。

　　（1）化学防治

　　使用化学药物杀螨，要求药物对蜂螨毒力强，伤蜂轻；对蜂产品污染小，对人无毒、无致畸致癌作用。目前，国外只有极少的杀螨药物获准在蜂群中使用，如氟胺氰菊酯、蝇毒磷。

　　（2）综合防治

　　当蜂群内无封盖子时，蜂螨只能在成年蜂体上寄生。利用此特点，抓住群内无封盖子的时机或人为创造无子蜂群进行药物治螨，可达到事半功倍的效果。

　　① 断子治螨。在蜂群越冬或越夏前自然断子时，或采用人工扣王断子的方法，使群内无封盖子和大幼虫，蜂螨无处藏身，完全暴露，选择杀螨剂连治3次，可取得良好的治螨效果。

　　② 繁殖期分巢治螨。当蜂群繁殖期出现螨害，可将蜂群的蛹脾和大幼虫脾带蜂提出，组成无王群。蜂王、卵脾和小幼虫脾留在原箱，蜂群安定后，用药治疗。无王群可诱入王台，先用药物治疗1～2次，待新蜂全部出房后，再继续用药治疗1～2次，可达到治螨的目的。

　　③ 切除雄蜂封盖子。利用蜂螨喜欢在雄蜂封盖子中寄生的特点，当蜂群内出现成片的雄蜂封盖子时，连续不断地切除雄蜂封盖子。也可以从无螨群调

进雄蜂幼虫脾，诱引大蜂螨到雄蜂房内繁殖。通过不断地切除雄蜂封盖子，同时配合药物治疗，可以有效减轻螨害。

④ 毁弃子脾。对螨害严重的蜂群，多数蜂蛹不能羽化，出房的亦残翅无用。可集中所有封盖子脾烧毁，再对原群进行药物治疗，并补充无螨老熟子脾，可以恢复蜂群生产力。

 / 第二节 / 主要敌害防治

蜜蜂的敌害指的是以蜜蜂躯体为捕食对象的其他动物。还有一些通过掠食蜂群内蜜、粉及严重骚扰蜜蜂正常生活及毁坏蜂箱、巢脾的动物也属于敌害。对蜜蜂个体的捕杀是敌害最突出的特点，往往发生突然，时间较短，但危害程度却十分严重。

一、常见的敌害

1. 巢虫
又称蜡蛀虫。常发生于弱群或蜂少脾多的蜂群和陈旧蜂箱。巢虫蛀食巢脾上的蜡质、蜜汁，伤害蜜蜂幼虫和蛹，常造成蜂群飞逃。可通过培养强群、保持蜂箱清洁、更换旧巢脾和用药剂熏杀等方法防治。

2. 胡蜂
胡蜂是蜜蜂的重要敌害，多发生于秋后，特别是在丘陵地区、山区养蜂，外勤蜂常遭受胡蜂侵害，受大胡蜂侵害严重的蜂群弃巢飞逃。小胡蜂直接捕食的蜜蜂数量虽然不多，但由于干扰蜂群的正常生产，会给养蜂生产造成一定损失。当发现蜂场上出现胡蜂侵害时，通常用人工扑杀，药物毒杀或烧毁其蜂窝等方法防治、消灭胡蜂。

3.鼠类等动物

如熊、黄喉貂、黄鼠狼及各种鼠类、刺猬、鸟、灵长类动物等。常发于越冬期间盗食蜂粮，并咬坏巢脾，使蜂群不能安全越冬。可将蜂箱封闭严实，巢门适当缩小。越冬场地和包装物不要有可觅食的东西。发现碎蜂尸或听到蜂箱内有不安静的声音，及时采取措施，驱除捕捉。

4.蚂蚁

蚂蚁会潜入蜂箱盗食蜂蜜、花粉，伤害蜜蜂幼虫。侵害蜜蜂的主要有大黑蚁、棕黄色家蚁等。如果蚂蚁量多的时候对蜂群影响较大，这时可以用火烧死蚂蚁。

发现蚂蚁危害蜂群时，应将蜂箱抬高，在其周围撒上生石灰或是喷洒5%~10%的亚硫酸钠。在蚂蚁较多、危害严重的地区、蜂箱要严密，随时堵塞箱缝。蜂场应该保持清洁，一旦蚂蚁进入蜂箱，可在箱内四角撒放食盐驱逐。将灭蚁灵或灭蟑螂药撒在蚁巢附近，让蚂蚁将毒饵拖回蚁巢，将蚂蚁毒杀。在蚁空周围撒明砚和硫黄粉，或将鲜薄荷叶放置在蜂场上，可驱逐蚂蚁。蚂蚁众多的地方可在蜂箱下面铺塑料薄膜，薄膜要长出蜂箱前后长度的30cm以上，宽度要宽出蜂箱宽度的10cm以上，还可在薄膜四周涂上菜油或煤油，即可防止蚂蚁潜入蜂箱。

5.蛙类

蟾蜍（癞蛤蟆）是蛙类中对蜜蜂危害最大的一种，它在夜间潜到蜂箱附近捕食蜜蜂，一夜之间就能吃掉几十只蜜蜂；其他蛙类也能捕食蜜蜂。

二、蜜蜂病敌害的综合防治

1.保持清洁卫生的养蜂环境

蜜蜂喜欢在空气新鲜干燥、没有污染的环境下生存。在蜂场的周围，要把有污染的，以及杂草低洼之处及早清理，保证居住场所的卫生情况。在日光比较足的季节中，要尽可能减少日光对蜜蜂的直射，以防止因强光照射蜜蜂非死即伤的情况。禁止在蜂场堆放农药、食物和杂物等，保持地面的整洁、干爽，要防止蜜蜂的天敌入侵到蜂场。农药的使用一定要在蜜蜂居住环境的30m

以外。一旦发现死蜂，要及时深埋地下或进行焚烧处理。

2. 加强饲养管理和蜂群的规模

要保证优质、足量蜜蜂饲料供给，尤其是在越冬前，足量优质的饲料是保证蜂群健康体质的前提。对于蜂群规模的调整，要根据季节灵活调动。在早春时节，要保证蜂多于脾；在繁殖季节，脾略多于蜂；其余时节，脾蜂要保持适中。尽量保证饲料优质、清洁，蜜蜂饲料的安全卫生，可以切断病害传播，提高蜜蜂的抵抗力，而且对于保证无公害的蜂产品质量大有裨益。

3. 选育抗病新品种，提高蜜蜂的抗病能力

通过科学的育种方法，选育出体格健壮、抗病能力强、有较强清扫能力和较短封盖能力的蜂种进行饲养，有利于减轻蜜蜂疾病的侵害。

总之，在蜜蜂敌害的防治上坚持"预防为主"的原则，保证蜂场养殖环境的卫生清洁、加强饲养管理、探寻新技术，利用蜜蜂敌害的生物特性、威吓或人工捕杀消灭危害的根源，从而有效达到蜂群无病害或减少病害的目的。

第三节 影响蜜蜂授粉因素

近年来，随着现代农业集约化、产业化程度的不断提高，蜜蜂授粉因其人工成本低、可以显著提高农产品的产量和质量的优点在农业提质增效和生态建设中的重要作用日益突出，但其授粉效果常常受到一些因素的影响，这些影响因素主要有以下几个方面。

一、天气影响

天气是影响蜜蜂活动的主要因素。只有在适宜的天气条件下，植物花粉才能成熟并释放，蜜蜂才能正常出巢进行采集活动，发挥理想的授粉效果。当温度低至7℃时蜜蜂的外界采集活动就会停止，当外界气温高于13℃时蜜蜂

采集就较为活跃，最适合蜜蜂外出采集的温度在 22～30℃。温度太低会影响植物的开花以及花粉管的生长，从而导致不能授精。阴雨连绵的潮湿天气下，蜜蜂会减少外出采集甚至不会外出采集，大量的降雨会影响到植物开花或雄蕊的吐粉，雨水会直接将花柱上的花粉跟花蜜冲刷掉，从而影响蜜蜂的采集和授粉。

二、植物属性影响

蜜蜂经过长期的进化成了专食花粉、花蜜的昆虫，虫媒植物为蜜蜂提供花粉和花蜜，蜜蜂在采集植物花粉和花蜜的同时完成植物花粉的传播，虫媒植物借助蜜蜂传粉完成受精，繁衍生息；蜜蜂则依靠植物的花粉和花蜜，维持蜂群的生存和后代繁殖，二者形成共生互利的关系。如果作物能够正常分泌花蜜、正常吐粉，就可以诱引蜜蜂采集花蜜和花粉，利用蜜蜂成功授粉。对于风媒花植物如水稻、小麦等，蜜蜂授粉的增产效果相对不是很明显。但对于虫媒植物，尤其是雌雄异株、雌雄异熟、雌雄蕊异位、雌雄蕊异长和自花不孕的异花授粉植物，蜜蜂授粉的效果较为突出。有些果树雌雄异株或者是异花，有些雄花开一段时间以后雌花才开，要确保蜜蜂在雌花开花之前到达授粉地点进行授粉，可以增加授粉的成功率。

三、蜜蜂品种和蜂群群势影响

目前，我国蜜蜂授粉的蜜蜂品种主要是以中蜂、意蜂和熊蜂为主。由于蜜蜂品种自身的生物学特性（如喙长、访花偏好不同等）和设施环境的限制，同一作物可能会因蜜蜂品种不同导致在蜜蜂访花积极性和授粉效果等方面存在差异，或同一作物品种不同地区由于蜜蜂品种不同其授粉效果也可能存在差异。

蜜蜂授粉还会受蜂群群势的影响，在一定范围内，蜜蜂的群势越强大，青年的壮龄工蜂越多，专门采集的工蜂越多，授粉效果就越好，但是如果蜂群的群势太强的话，就很容易发生分蜂热的现象，工蜂采集积极性反而会大大下降。因此蜂群的群势要适当，一般来说中蜂群势控制在 3～4 脾最佳。对进行授粉的蜂群，提前两个月换王，利用新王产卵能力强这个有利的条件，促使分股群内中有大量的卵虫，从而提高工蜂的采集积极性，获得理想的授粉效果。

四、微环境的影响

对于露天植物而言，处于避风、平坦的地理位置时，蜜蜂授粉效果较好。而对于处于风口处或山顶上的植物，风力太大会阻碍蜜蜂飞行，强烈的大风会使脆弱的植物花朵和花柱吹落，雄蕊吐粉也随之停止影响蜜蜂授粉。

对于温室植物而言，温度过低时，花粉难于成熟，蜜蜂也不会出巢活动；温度过高、湿度过大时，不利于花粉的释放，同时蜜蜂也不会出巢采集，还会使蜂群的授粉寿命缩短。

五、杀虫剂的影响

在农作物授粉期间应该注意防止蜜蜂发生农药中毒。很多农作物在开花期都会喷洒农药来防治病虫害，大多数杀虫剂农药对蜜蜂都有致命性的影响，如果农作物使用农药不当也会影响授粉，例如在开花时期施加农药或者是施加残留期长的农药距离开花期的间隔时间不长，都会引起蜜蜂产生农药中毒，直接减少蜂群的群势，严重的话还会造成全场的蜂群全部覆灭。所以，为了达到最好的授粉效果，应在花期避免使用杀虫剂，而采用生物防治的办法来控制虫害。

/ 第四节 / 提高蜜蜂授粉效果的措施

在授粉期间，为了达到最佳的授粉效果，维持更长的授粉时间，需要对授粉蜂群进行科学的饲养管理，可以采取以下几个措施。

一、合理配置作物雄株

无论是大棚种植，还是露地种植，对于雌雄异株作物，蜜蜂访花时有就近来回访花的习性，为便于蜜蜂授粉，种植时应合理配置雄株。作物种植时要以适当的间距配置足够的雄株，以保证有足够的花粉供蜜蜂采集和授粉，雄株和雌株同行配置也便于蜜蜂访问雄花后就近访问雌花，更易达到充分授粉的目的。

二、重视授粉蜜蜂的繁育与管理

选择合适授粉的蜜蜂品种。如在南方地区高温季节，中蜂在采集零星蜜粉源、耐高温方面具有优势，除了意蜂具有明显采集优势的个别作物品种可选择意蜂外，应优先选择中蜂为大棚作物授粉。授粉蜂群应是一个完整、健康的蜂群，应对授粉蜂群合理配置足够的适龄授粉工蜂，除了17日龄及以下工蜂占比可稍大外，巢内的卵、幼虫和封盖子脾构成要合理。授粉蜂群群势大小可根据授粉作物品种、授粉面积等确定，单个授粉蜂群群势应控制在5脾蜂以下。

三、蜂群保护

在授粉期间，应该结合作物种植管理特点，采取必要的措施延长蜜蜂的授粉时间，达到授粉需求。当温度过高（高于35℃）时，应尽量增加通风、洒水以及盖上遮阴物等方式降低蜂箱的温度。如温度过低，则应给蜂箱内外添加保温物（泡沫、棉垫）来给蜂群保温，防止冻子现象。在大田授粉期间，如遇到大风或者大雨，则应做好相应的预防措施，保障蜂群正常繁殖。如果蜂群无分蜂热、蜂王产卵和子脾正常、各日龄蜜蜂构成合理、巢内贮蜜贮粉适宜、不存在蜜压子脾无处贮蜜，也没有发生蜜蜂病敌害等情况，说明蜂群没有大的问题；如果发现蜂群存在不利于授粉的因素则要及时消除，消除不了的要尽快更换蜂群。

四、补充饲料

在整个授粉时期应密切关注蜂群的饲料储存情况。在巢门前设置饲水器，每天更换清洁干净的水；在巢门前设置饲盐器具，提供浓度 0.05% 以下的盐水供蜜蜂采用。定期查看蜂群内花粉储存量、糖壶内糖浆存量。在花粉和糖浆不足的情况下，可对蜂群进行少量的饲喂，饲喂的花粉和糖浆须采用高温灭菌（100℃，20min）的方法进行消毒，减少疾病发生的可能。

如果蜂群内出现蜜满压子的现象，则需更换巢脾或者添加空巢脾。如果棚内环境也适宜蜜蜂出巢，则要重点检查作物泌蜜和吐粉是否正常，如果作物泌蜜和吐粉正常，可考虑进行诱导饲喂。诱导饲喂的糖液制作及饲喂可参照以下方法操作：在密封的容器中放入不少于 1/3 的授粉作物的花朵；在沸水中加入等量的优质白砂糖，充分搅拌溶解，待糖液冷却到 20～25℃时，倒入有花朵的容器中，密封浸渍 4h 以上；第一次饲喂在晚上进行，以后在每天早上蜜蜂出勤前饲喂一次。每框蜂每次饲喂约 25g。若进行诱导饲喂蜜蜂访花还不积极，或者作物到了盛花期泌蜜和吐粉还不正常，或者蜜蜂只采雄花（或雌花）不访问雌花（或雄花），那么，蜜蜂授粉可能无法达到预定授粉目标，

五、防止农药中毒

在蜜蜂授粉前一周及授粉期间，应避免使用任何对蜜蜂有毒害作用的化学农药。如果必须使用，应使用一些生物菌素类的药物，对蜜蜂授粉行为基本无影响。或者在药物残留期过后，再用蜂群进行授粉。

第五章

实用授粉增产技术

/ 第一节 / 果树类增产技术

一、苹果

　　苹果是我国北方的主栽果树，其不但是主产区农民增收的支柱产业，而且在全国的果树格局中占据了举足轻重的地位。正常情况下，苹果的花有 5 个雌蕊，每个雌蕊有 2 个胚珠，大多数苹果品种只有接受不同品种的花粉才能坐果；而且只有在每个苹果内有 8 粒以上的种子时，其果实才能平衡生长。

　　采用蜜蜂对苹果花进行授粉，是依靠蜜蜂采蜜时口器在花的雌蕊和雄蕊之间的添吸以及来回穿插过程中所带花粉的传授而起到了传粉的作用。正常情况下，蜂蜜在一天中采集苹果花最多的时间是早上 7 ~ 11 点，下午 3 点以后逐渐减少，晚上 6 点到早上 6 点这段时间则基本不出巢。

　　相关试验结果显示：红富士苹果采用蜜蜂授粉较自然授粉可提高坐果率 46.78%、单株产量也可提高 27.4kg，而且着色指数和可溶性固形物含量与酸度的比值（固酸比）更高，果实口感更好。另有资料显示，在红富士苹果的蜜蜂授粉过程中，授粉树的多少以及蜂群的规模、摆放方式、摆设距离等因素都会对苹果的坐果率产生较大影响。

　　操作要点：①在实际应用蜜蜂授粉时，除需确定授粉树的配置外，还应综合考虑果树产量的大小年以及管理条件、气候条件、果田树势和总花量等因素；②当授粉树配置充足、管理条件优异、果田树势强壮，但处于小年且总花量相对偏少时，采用蜜蜂授粉时可相对减少放蜂数量；③当授粉树配置稀少、管理条件差、果田树势弱，并处于大年、总花量较多时，必须增加放蜂数量。

二、梨

　　梨是我国主要栽培果树之一，南北方都有种植，目前上海地区种植梨树约 2.9 万亩。梨属于异花虫媒植物，生产中需要昆虫等来授粉。现如今由于全球生态环境恶化、植被破坏、农药致死等原因，导致梨的野生传粉昆虫相对不足，授粉问题日趋严重，对梨的产能影响较大。虽然农民和科研人员采用人工授粉、液体喷灌等方式进行传粉，但这些方式操作复杂，需要较多人力资源，授粉成本逐年上升。

当前生产中仅靠人工授粉已远远不能满足梨的产业化生产需求，产业的发展必然要求生产过程集约化、产业化和规模化；而蜜蜂授粉作为一种生物授粉措施，它可以有效地利用梨树和蜜蜂之间的生物特性，提高梨的产量、改善梨的品质，而且还可以把蜜蜂采回的花粉提供给其他地区进行人工授粉，这样不仅可以增加授粉的效率，还可以大大降低人工授粉的成本。

根据梨的生长规律，22 ~ 25℃是对梨花花粉萌发与生长最有利的温度，而且梨花一般在开花后 4 ~ 5d，其柱头活性最强、最适合授粉受精；同时，在每天 11 ~ 15 点这段时间，梨花柱头的黏液分泌最旺盛，是最佳的授粉时间。相关试验结果也显示：蜜蜂采集花粉的最适宜温度为 20 ~ 25℃，同时每天的 11 ~ 15 点这段时间也是蜜蜂活动最积极的时间；这种梨树和蜜蜂之间时间和温度的一致性，成为了蜜蜂授粉的可行性基础。另有相关试验结果显示：蜂群采集梨花的高峰在中午 12 ~ 13 点；而在同一天内，初花期入场蜂群采集的花粉量高于其他时间入场蜂群；因此，蜂群应在梨花初花期（开花 20% 左右）入场，可达到最佳授粉效果。

1. 操作要点

（1）由于梨树开花授粉的时节较早，一般都在早春 2—3 月，此时的蜂群处于春繁阶段，活动性稍弱，且由于梨花粉多蜜少、蜜蜂不爱采集；因此，在对梨实施授粉时应预先对蜂群采用分区管理，即在梨树即将开花时，将蜂群巢箱（9 脾）按 2∶7 进行分区，中间放一张隔王板，其中"2"区为蜂王产卵小区，内放 2 张空脾供蜂王产卵；"7"区为蜂群生活大区，其中在靠近隔王板的位置放置 1 张储粉空脾。

（2）在梨树开花达到 20% 以上时，将蜂群放入梨园；入场时应按照 10 ~ 12 群 /hm²（1hm²=15 亩）的比例分小组摆放。

（3）蜂群入场时应考虑周边竞争花情况，如附近有油菜等竞争花时，应适当增加每个小组的蜂群数量。

（4）蜂群授粉 7d 后，将小区虫脾与大区的空脾对调一次。

（5）在整个授粉期间，应每天给授粉蜂群饲喂糖浆，以调动蜜蜂授粉的积极性。

2. 注意事项

（1）梨树授粉多在 3 月下旬至 4 月上旬，此时气温较低，蜂群应注意加盖保温物，并维持蜂箱内气温稳定，保证蜂群正常的生产生活。

（2）梨树花粉较多，蜜蜂授粉期间应注意及时采集蜂蜜，避免因花蜜积压过多而降低蜜蜂采集花粉的积极性。

（3）在梨树初花期应适当给予奖励饲喂，提高蜜蜂授粉的积极性。

（4）梨树蜜源较少，在蜜蜂进场后，即梨花初花期，应每天用浸泡过梨花花朵的糖浆饲喂蜂群，使蜂群尽快建立采集梨花的条件反射，诱导蜜蜂为梨树授粉，增加采集积极性，提高授粉效率。

（5）为确保蜜蜂生产生活环境安全，梨树的病虫害防治应采用防治效果好且对蜜蜂危害较小的植物性农药。

采用蜜蜂授粉不仅可以提高梨树的坐果率和产量，而且还可生产出回归自然、深得消费者喜爱的绿色农产品，有利于推动梨的产业化发展。

三、桃

桃的原产地是中国。在国内，其种植资源丰富、栽培品种较多。正常情况下，桃花单生且雌雄同花，一般由 1 个雌蕊和多个雄蕊组成；在没有昆虫授粉的情况下，桃花往往也能够自发授粉，但自花授粉的结果率较低，而且虽然自花授粉的坐果率较高，但果实较小、产量偏低。

另外，作为桃的一个变异品种，油桃虽然是单生花、且雌雄同花，但需异化授粉；因此需要通过昆虫和人工授粉来完成授粉受精，而且为获得更早的上市时间，大量的油桃已采用温室种植，故温室油桃的授粉问题是规模高产的关键环节。

中蜂是我国特有的蜂种，其所具有的耐低温、适应性与抗病力强、善于采集零星蜜源等特性，能更好地满足冬季和春季温室（大棚）作物授粉的需求，是一种理想的冬早春作物授粉昆虫，也是油桃种植的首选授粉昆虫。

上海地区桃树的种植面积约为6.3万亩，授粉方式主要是通过昆虫授粉或人工授粉来完成。人工授粉种植户采用传统的人工蘸花或激素处理方式，劳动强度大、成本高、效率低，而且还会造成激素污染。

蜜蜂与植物在长期的自然环境选择下，相互影响、协同进化，形成了一种紧密的共生关系，特别是在植物授粉方面，蜜蜂发挥着巨大作用，是最主要的授粉昆虫。因此，在桃花授粉期加强蜜蜂授粉措施，不仅可以提高桃的坐果率、增加桃的产量，而且还可减少畸形果的产生，达到同步提高产量和质量的效果。

1. 技术优势

（1）蜜蜂可以不间断的在开花植物间飞行和采集花粉，且对桃树释放的花粉有较强的辨别能力，能很好地保证桃树在开花初期及时授粉。

（2）蜜蜂全身的绒毛能够黏附更多的花粉，使作物授粉更充分；同时，花朵在开放期间不断有不同的蜜蜂访问，可进一步确保授粉的充分性。

（3）桃树经蜜蜂授粉后，实现果实受精发育，利用"杂交"优势提高果实产量，改善果实质量，并且有效地降低了授粉成本。

2. 操作要点

（1）授粉蜂群应在温室油桃始花前2～3d入场，并固定在0.5m高的巢架上。

（2）蜂群入场后应幽闭巢门5～6h，使蜂群形成未改变生活环境的感觉；随后开启1个仅够1只蜜蜂进出的小缝，如此经过2～3d的试飞，便可进行授粉。

（3）授粉初期，采用油桃花蕾和糖水按1∶1的比例浸泡、过夜后的溶液喷洒油桃花蕾的方法诱导蜜蜂出巢，连续5～6d。

（4）蜂群大小应视温室面积而定，一般1亩温室应投放1～2个授粉专用蜂箱的中蜂。

（5）授粉蜂群的组成应以幼蜂和已排泄飞翔但未参加采集的工蜂为主，尽可能降低老蜂比例，减少因趋光性而飞撞温室膜的死亡率。

（6）油桃花期蜜多、粉多，一般能满足授粉蜂群繁殖所需的花粉和饲料蜜，如管理得当，还可提高蜂群蜂势。

3. 注意事项

在蜜蜂授粉期间应尽量不使用农药；若确实需要使用时，应尽量选择对蜜蜂影响较小的农药，并注意在喷药前将蜂箱巢门关闭，或将蜂箱搬离施药地，以避免因用药而导致蜜蜂的大量死亡。

 / **第二节** / **瓜菜类增产技术**

一、西瓜

西瓜为雌雄同株植物，但需异花授粉才能受精坐果。正常情况下，1 朵西瓜雌花的大小为雄花的 1/4 左右、有 3 个雌蕊，花粉黏且重；西瓜花一般在早上 5 点初开、早上 6 点开始盛开，每朵花的有效授粉时间为 5~6h，故西瓜花的最佳授粉时间一般在上午 9~10 点，而且只有当 1 朵西瓜花的 3 个雌蕊上均匀分布 500~1 000 个花粉时才能保证瓜形良好；因此，西瓜采用人工授粉难以取得满意效果；而采用激素授粉方式，虽然能解决坐果难的问题，但却易造成畸形果偏多、西瓜风味差的现象。

正常情况下，西瓜花雄蕊有 3 枚，而且在花的基部有蜜盘；当雄蕊花药开裂时，花粉进出，蜜汁在基部的蜜盘中累积凸起呈环状，并被花药覆盖。采用蜜蜂授粉时，由于西瓜花的蜜盘被花药覆盖，蜜蜂采蜜时必须穿过花药与花瓣之间的空隙，采用倾斜或倒立的方式向下俯钻，才能使唇舌接触蜜盘，这个过程会使花粉黏满其全身；而当蜜蜂在雌花上采蜜时，也采用同样的方式，用同样的动作吸蜜，从而完成西瓜的授粉。

1. 技术优势

（1）与采用常规激素处理方式比较，采用蜜蜂授粉方式对西瓜进行授粉更省工省时，而且单瓜重量和单株产量都有增加，且果形圆整、光洁度好、口感爽脆、风味纯正，可实现西瓜产量和质量的提升，从而进一步提升产值。

（2）与采用人工授粉方式相比，采用蜜蜂授粉方式可降低瓜农的劳动强度和生产成本。

2. 操作要点

（1）采用蜜蜂进行西瓜授粉时，蜂投放量以每10亩西瓜地放置1群13脾蜂群或2群6～7脾蜂群较为合理。

（2）对采用立架栽培的小果型西瓜，其授粉时的温度应达到15℃以上，蜂投放量以每公顷投放30群90脾蜂群为佳。

（3）大棚西瓜采用蜜蜂授粉时，每个180～200m² 的大棚宜放置2～3群6脾蜂群；400m² 左右的大棚宜放置3～4群6脾蜂群；大田西瓜采用蜜蜂授粉时宜适当增加蜂群投放量，一般以每亩西瓜投放5～8群6脾蜂群为宜。

（4）采用蜜蜂授粉时，应对蜂群饲喂自备的花香糖浆；方法是采摘刚开放的西瓜花30～60朵，置于30℃以下、含水量超过50%以上的糖浆中浸泡4h以上；滤去花瓣后，每天在蜜蜂出巢前以饲喂或喷雾的方式逐群奖励饲喂，每群20～100g，每天多次。

二、草莓

大多数草莓品种可通过自花授粉完成受精、坐果，但也有部分品质较高的草莓品种由于柱头高、雄蕊短而造成授粉困难，这就需要昆虫授粉。

利用塑料大棚等设施对草莓进行促成栽培时，可使草莓提早到11月上市，并延长草莓销售时间，而且冬季其他水果相对较少，草莓的销售价格也较高，经济效益可观；因此采用大棚等设施种植草莓的模式深受种植户的欢迎，但大棚等设施环境与自然环境不同，其空气流动性差，并缺乏传花授粉的媒介，故应用昆虫授粉是提高草莓授粉率的最佳手段。

正常情况下，蜜蜂在早晨8点至下午4点都有采集行为，而且1只蜜蜂每分钟可采集4～7朵草莓花；每朵草莓花的花期为3～4d，而且草莓的整个花期可长达5个月之久；由于草莓雄蕊的花药围绕着雌蕊的柱头，因此通过蜜蜂授粉可使大棚等设施草莓的坐果率明显提高，且果型圆满、个重增加、产量增加，畸形果率也大幅下降，品质提高后的草莓更受市场欢迎，种植效益也明显增加。

1. 操作要点

（1）用于草莓授粉的蜂群应在晚秋后喂足越冬饲料蜜。

（2）授粉蜂群应在草莓开花前 3 ~ 5d 入场，并直至授粉结束。

（3）授粉蜂群入场后应补喂花粉和奖饲糖浆，以刺激蜂王产卵，提高蜜蜂授粉积极性。

（4）入场授粉蜂群的数量一般以每公顷 60 群 90 脾蜂群为宜。

（5）可采用隔日授粉法对设施草莓进行授粉，即采用 1 群蜂为 2 个大棚草莓授粉，具体操作方法是：①蜂群入场后首先在第一个棚内适应饲养 7 ~ 8d；②待第 7 或第 8d 下午蜜蜂回巢后，将蜂箱移入第 2 个草莓大棚内，并让蜂在第二个大棚内授粉，直至第 2d 蜜蜂归巢；③待第 2d 下午蜜蜂回巢后，再把蜂箱搬回第 1 个大棚内，并再一次的授粉 1d；④如此循环往复，即可达到草莓隔日授粉的目的。

（6）采用隔日授粉法应注意三个关键点：一是参与的 2 个大棚的环境应基本相同，如长、宽、高、建棚材料及立柱位置等，让蜜蜂在频繁变更大棚的过程未能感觉到环境的变化；二是 2 个大棚内的蜂箱放置位置应基本相同，不能错位；三是变动蜂箱位置时应尽量保持箱体平衡，避免因剧烈晃动造成箱内蜜蜂相互碰撞甚至受伤、死亡。

2. 注意事项

（1）种植面积小于 1 亩的草莓大棚，在大棚中央投放 1 群蜜蜂，即可有效满足草莓的授粉需求；面积大于 1 亩的草莓大棚，在大棚内均匀放置 2 群蜜蜂，可以满足大棚内的授粉需求。

（2）草莓种植大棚的薄膜具有一定的透光性，由于蜜蜂自身存在一定的趋光性，因此经常会撞到棚膜而导致一部分蜜蜂因此受伤甚至死亡。随着蜜蜂授粉时间的延长，大棚内的蜜蜂数量逐渐下降，致使原先投放的蜜蜂数量不能满足全面授粉的需求，应及时适当补充蜂源。

（3）大棚内的湿度不宜过高。

（4）冬季及早春季节蜜源较少，需要对蜜蜂群进行补饲，饲喂量以饲喂后蜜蜂能正常授粉为准。

三、黄瓜

黄瓜为虫媒作物，其雌雄同株，雄花簇生、雌花单生，但需异花授粉，每朵花的最佳授粉时间为上午9～11点；采用人工授粉时，由于授粉均匀度较难掌握，且很难把握最佳授粉时间，故黄瓜产量较低、质量较差。

近年来，国内已培育了不少不经昆虫授粉也能结瓜的单性结果品种；但诸多研究结果证明，不论是单性结果品种还是有性繁殖品种，不论是大棚种植还是自然栽培，采用蜜蜂授粉，均可大幅提高黄瓜产量。

1. 技术优点

（1）利用蜜蜂为黄瓜授粉有及时、充分等优点，不仅能提高黄瓜的产量和质量，同时还能降低生产成本。

（2）蜜蜂在花朵内的随机访花，自身所携带的花粉多而且"杂"，从而导致雌花上落置的花粉量较多，受精率也较高。

（3）蜜蜂授粉的黄瓜坐果率及每株黄瓜产量均有增加，尤其是瓜条平均重量显著增加，表明蜜蜂授粉能进一步增加黄瓜的产量。

2. 注意事项

（1）400m² 的黄瓜大棚，一般只需投放6 000只蜜蜂就可较好地达到授粉目的。

（2）参与黄瓜授粉的蜜蜂应定期奖励饲喂糖浆和蜂花粉，并注意蜂箱防潮和敌害侵袭。

四、甜瓜

大多数甜瓜为雌花和雄花同株，雄花一般数朵簇生，雌花单生、花柱极短，甜瓜粉蜜均有，故蜜蜂较喜采集。除自然授粉外，甜瓜的授粉方式有蜜蜂授粉、人工授粉和激素喷花等多种，但相关试验结果证明，采用蜜蜂授粉可显著改善甜瓜的果实品质，是设施甜瓜实现安全、优质、高产的重要技术措施。

另有试验结果显示：采用意蜂为设施甜瓜授粉时，在设施温度达到46℃以上时，蜜蜂仍能较好地完成授粉工作，且果实品质无差异；而人工授粉的坐果率和含糖量较低且畸形瓜较多。综合多项性状指标，采用蜜蜂授粉技术生产的甜瓜产量高、品质好、果型佳、经济效益更佳。

注意事项

（1）甜瓜蜜蜂授粉的最佳时间为每天的早晨。

（2）每4 000m² 甜瓜种植面积投放1群蜂即可满足授粉要求。

五、冬瓜

冬瓜自然授粉的坐果率低、且质量较差，但冬瓜花的含蜜量较高，能吸引蜜蜂积极采蜜。因此在生产中可利用蜜蜂为冬瓜授粉，实现冬瓜的稳产高产。

1. 技术优势

采用蜜蜂为冬瓜授粉后，除显著提高冬瓜的坐果率外，由于冬瓜花朵蜜多粉多，因此不仅可使蜂群顺利渡过夏季淡花期，减少蜂农投入，而且还能收到多量的冬瓜花蜜和花粉，在增加蜂农收益的同时，还能使蜂群群势得到显著增强。

2. 操作要点

（1）采用蜜蜂为冬瓜授粉时，在开花率达到10%时，即可将蜂群入场。

（2）入场蜂箱应放置在干燥、通风、视野开阔的位置，最好是放置在专用的架子上。

（3）一般每群蜂可满足8～9亩大片种植的冬瓜授粉，也可将2群蜂并排成1组摆放，且每隔1km摆放1组。

（4）授粉蜂群应每隔3～4d开箱检查一次，以免冬瓜蜜粉质量不佳而影响蜂群正常繁育。

第三节 油料作物类增产技术

一、油菜

我国地域辽阔，各地的气候和地理环境差距明显，种植的油料类作物品种多样，油菜、花生、大豆、芝麻、油茶等都可以作为榨油的原料；其中异花授粉的作物如油菜和向日葵，在蜜蜂授粉后，可获得更好的经济效益。

油菜是我国重要的油料作物，每年产出的菜籽油有 500 万 t，而上海属于海洋性季风气候，适宜于油菜生长并有着种植油菜榨油的传统和悠久的历史。据《上海县志》记载，上海种植油菜的历史最早能追溯到元朝，到明清时期已普遍种植。中华人民共和国成立后，由于国家百废待兴、物资匮乏，对油料类作物种植给予了较大的政策扶持，种植油菜的经济效益向好，因此，从 20 世纪五六十年代中期开始，上海的油菜种植面积逐年增加，到 1992 年达到了 140 万亩的历史最高点。随着上海城市化进程发展、农业结构性调整，目前上海的油菜种植面积不足 4 万亩，功能也从单纯的提供油料到食用、观赏等多角色的转变，并在乡村文化传承、乡村旅游、农村生态建设等多方面发挥作用。

油菜是异花授粉作物，其品种有芥菜型、甘蓝型和白菜型 3 种。上海地区种植的油菜以白菜型为主，并以春油菜为主，一般在三月为盛花期，花期可长达 40 余天，五六月为收获期。油菜花花粉多、蜜汁含量高，花开时节可吸引大量蜜蜂来采蜜和传递花粉，在为蜜蜂提供蜜源的同时，也增加了油菜的产量，是农业生产中典型的双赢案例。

技术优势：近年来，随着现代农业的发展，蜜蜂商业化授粉应用受重视程度越来越高；使用蜜蜂为农作物授粉技术；有研究表明，蜜蜂授粉不仅能有效提高油菜产量和质量，而且还能显著增加种植户的经济收益，是一项切实可行和行之有效的农业增产、提质、增效的技术措施，其所具有的技术优势主要表现在以下几个方面。

1. 蜜蜂授粉能增加油菜籽的产油量

通过蜜蜂授粉、杂交制种，油菜可提高种子产量、结荚率和油品纯度，并以此提高油菜籽产量。众多研究表明，在油菜种植中采用授粉增产技术的能使油菜增产；在封闭环境（大棚等设施）的试验条件下，采用蜜蜂授粉的油菜能增产 20% 以上；即使在开放田地，蜜粉授粉也能使油菜增产 10% ~ 20%。

2. 蜜蜂授粉能缩短油菜成熟的时间

田间调查发现，蜜蜂授粉区油菜花期较自然授粉区和空白对照区缩短 3 ~ 13d，表明蜜蜂授粉对缩短油菜发育成熟时间有一定促进作用；也有研究结果显示，蜜蜂授粉可加快油菜受精速度，促进授粉后植株向果实输送和吸收、合成各种营养物质的速度，从而使果实提前生长、提早成熟，为农作物成长节约时间成本。

3. 蜜蜂授粉能减少病虫害的危害

采用蜜蜂授粉的油菜能减少害虫，间接减少农药的消耗，减少经济投入的同时，提高了菜油的品质。油菜访花昆虫中既有有害昆虫（鞘翅目中的步甲、象甲、叶甲类昆虫等），也有有益昆虫（鞘翅目瓢虫科中的七星瓢虫、异色瓢虫、龟纹瓢虫以及膜翅目的寄生蜂等），在采用蜜蜂授粉后，由于食物抢夺造成的竞争效应，可减少 40% 的害虫。

4. 蜜蜂授粉减少了农药、化肥使用量

蜜蜂授粉维持了自然界生态平衡，推动了绿色、环保、生态农业的形成。

操作要点：为进一步推广蜜蜂授粉技术，转变养蜂业生产方式，提高农作物产量和品质，按照农业农村部制定的《NY/T 3044—2016 蜜蜂授粉技术规程 油菜》的相关要求，在上海地区开展油菜蜜粉授粉增产可以按照以下步骤操作。

（1）准备工作

① 根据当年的气温、降水、日照和播种日期等综合因素，参照近年的油菜成长周期，预测本年度的油菜开花日期，提前 60d 培育适龄采集蜜蜂。

② 蜜蜂品种可采用西方蜜蜂属。

③ 饲养蜜蜂的蜂箱应采用朗氏蜂箱饲喂，培养的蜂群群势 6 足框以上，且蜂脾相称，包含一只产卵蜂王，一足框出房蜂盖子脾，1 足框卵虫脾和 1 足框蜜粉脾。

④ 确保蜂王能够正常产卵和蜂群育子，且蜂箱内有充足的空巢房，适量的蜂蜜和花粉。

⑤ 运输授粉蜂群时，运输工具应干净、清洁，无异味和农药残留，且隔音效果好。

（2）进场授粉

① 在油菜开花期，即当每平方米内 70% 的油菜主茎干上至少有一朵花开的时候，选择在晴朗的天气将授粉蜂群搬进授粉场内，并在蜂箱边上插上标记物，利于授粉蜜蜂及时归巢。

② 蜂群密度为 200～250m 间距放置一个蜂箱。

③ 蜂箱应固定牢固，蜂箱门应背风向阳，并应注意避开交通道口。

④ 在蜜蜂进场前 10～15d，菜田应停止喷洒农药。

（3）授粉期间蜂群管理

① 在油菜花盛花期，由于食物充足，蜜蜂的管理也应针对不同情况采取不同措施。

② 在油菜流蜜期间，蜜蜂采蜜授粉积极性高，容易造成蜜、粉压子脾；此时应适当脱粉和摇蜜，保证有足够的空巢给蜂王产卵和储存蜂蜜、花粉，以提高蜜蜂访花的积极性。

③ 如果遇到长期阴雨天，应注意巢内储存的蜜是否充足，定时饲喂。

④ 维持蜂箱内温度相对稳定，保证蜂群能够正常繁殖。

⑤ 注意控制调整巢脾，调强补弱，保持蜂脾相称。

⑥ 注意控制分蜂，提高蜂群出巢积极性，提高授粉效果。

⑦ 授粉地应保障洁净的蜜蜂饮水，如果用饮水槽给水，应该在水槽边做好防溺的装置，放置漂浮物，例如杂草、塑料纱网之类的，蜜蜂踩在上面喝水，不会沉下去即可。

注意事项：①为更好发挥蜜蜂授粉在油菜生产中的作用，要注意蜜蜂的安全性保护，正确选择与科学施用农药，不断推广蜜蜂授粉与绿色防控技术的

蜜蜂为油菜花授粉

集成应用。②要合理组织授粉蜂群和安排放蜂场地，确保不同区位的油菜有足够数量的授粉蜂群。

二、油茶

油茶是一种自花不育的树种，而且由于油茶的花粉粒大且重而粘，因此必须通过昆虫传粉才能结实。自然状况下，油茶的开花季节正值冬季温度较低时期，此时野生昆虫不仅数量少，而且活动性也较弱，不能满足油茶的授粉需求，因此往往会出现"千花一果"的现象；而采用蜜蜂自由式授粉可较好地解决"千花一果"这一现象，显著提高油茶坐果率、结实率和出籽率。而在同样条件下，使用中蜂对油茶进行授粉，其坐果率、结实率和出籽率均较西蜂有显著提高。

操作要点：目前，在推广油茶蜜蜂授粉过程中遇到的主要瓶颈是蜜蜂幼虫中毒问题。而现行解决这一瓶颈问题较为有效的措施是在油茶茶花期采用分区管理和加喂药物的方式来缓解蜜蜂幼虫因茶花蜜中毒而引起死亡；具体方法是：

1. 分区管理方式

（1）用隔板将巢箱内部纵向分割成繁殖区和工蜂区两部分。

（2）将蜜、粉脾和供蜂王产卵的空脾，连同蜂王一起放入繁殖区。

（3）将剩下的空脾全部放到蜂箱另一边的工蜂区。

（4）繁殖区和工蜂区间用铁纱隔离板完全隔开，并在上面用纱盖盖住；但在铁纱隔板与上面的纱盖之间留 0.5cm 左右的空隙，使工蜂可自由通过，但蜂王却不能通过。

（5）在繁殖区的巢柜上方盖 1 块毛巾，并在靠蜂箱壁的一边留一条缝隙，以让繁殖区的蜜蜂可通过，但同样蜂王无法通过。

2. 加喂药物方式

（1）授粉期间，除对蜂群采取奖励饲喂外，还应对蜂群使用 0.1% 柠檬酸糖水或 0.1% 多酶糖水。

（2）糖水可在每天下午 4 点以后，将调制好的药物糖水用喷雾器喷洒或直接浇洒在毛巾上，每群蜂每次药物糖水的用量为 250mL 左右，每隔 1～2d 使用一次。

注意事项：①为确保油菜花的蜜蜂授粉效果，投入的蜂群应首选耐寒的东北黑蜂、高加索蜂和喀尼阿兰蜂等蜜蜂品种。②蜂群进入油菜场地后，应立即使用油茶花糖浆饲喂蜜蜂，以刺激蜂群出巢。③油菜糖浆的制作方法：将 1 份油菜鲜花浸泡在 3 份 50℃的糖浆内，12h 后过滤即可使用。

参考文献

［1］ 张中印,吴黎明,李卫海.实用养蜂新技术［M］.北京:化学工业出版社,
2011: 109-110.

［2］ 黄家兴.设施作物熊蜂授粉关键技术及其应用前景［J］.现代农业科技,
2010(12): 300-301.

［3］ 何云中.试论熊蜂授粉与设施农业提质增效［J］.新疆农业科技,2012
(3): 5-6.

［4］ 王安,彭文君.生态养蜂［M］.北京:中国农业出版社,2010: 151-191.

［5］ 岳万福,华威.中华蜜蜂饲养管理使用技术［M］.北京:中国农业出版社,
2017: 52-84.

［6］ 郭娜娜,王凯,彭文君.蜜蜂人工饲养及其营养价值研究进展［J］.中国蜂
业,2019(8): 14-17.

［7］ 王安,彭文君.生态养蜂［M］.北京:中国农业出版社,2010: 89-113.

［8］ 邵有全,杨蛟峰,李永萍,等.授粉蜂群的管理(二)——大田授粉蜂群的
管理技术［J］.蜜蜂杂志(月刊),2000,12: 20-21.

［9］ 刘喜生,姜玉锁.试论设施农业蜜蜂授粉综合管理技术［J］.中国蜂业,
2011,62: 22-24.